高等学校城乡规划专业系列推荐教材

# 城市模型原理与应用

龙 瀛 著

中国建筑工业出版社

**审图号：GS（2021）1893 号**

**图书在版编目（CIP）数据**

城市模型原理与应用 / 龙瀛著 . —北京：中国建筑工业出版社，2021.8
高等学校城乡规划专业系列推荐教材
ISBN 978-7-112-26489-6

Ⅰ . ①城… Ⅱ . ①龙… Ⅲ . ①城市规划—模型（建筑）—高等学校—教材 Ⅳ . ① TU984

中国版本图书馆 CIP 数据核字（2021）第 174654 号

近六年来大数据（特别是城市空间大数据）的迅猛发展，带动了数据驱动的城市研究和规划设计支持工作的繁荣。而城市模型作为具有几十年历史的经典领域，在大数据出现之前，模型支持就是城市科学推进和城市规划设计实践支持的中坚力量。为此，数据驱动与模型支持耦合将是重要的研究和实践应用方向，城市模型也已经并将继续焕发新的生机。为此，笔者2018年在清华大学较早地开设了“城市模型概论”课程，通过理论结合实践应用的方法进行授课，后将授课内容结合近年来城市模型方面的新数据、新方法和新应用案例，编撰集结成这一城市模型原理与应用领域的入门级教材，以期对城市模型发展产生持续的促进作用。本书可作为高等学校城乡规划及相关专业教材，也可为相关领域的研究及技术人员提供参考。

为更好地支持相应课程的教学，我们向采用本书作为教材的教师提供教学课件，有需要者请与出版社联系，邮箱：jgcabpbeijing@163.com。

责任编辑：杨　虹　尤凯曦
责任校对：姜小莲

高等学校城乡规划专业系列推荐教材
**城市模型原理与应用**
龙　瀛　著
*
中国建筑工业出版社出版、发行（北京海淀三里河路 9 号）
各地新华书店、建筑书店经销
北京雅盈中佳图文设计公司制版
北京市密东印刷有限公司印刷
*
开本：787 毫米 ×1092 毫米　1/16　印张：11　字数：213 千字
2021 年 9 月第一版　2021 年 9 月第一次印刷
定价：**45.00** 元（赠教师课件）
ISBN 978-7-112-26489-6
（38048）

# 前言

城市模型是城市相关学科定量研究的重要方法与工具，经过半个多世纪的发展，城市模型在城市规律探索、城市规划方案和相关城市政策制定方面已经表现出了至关重要的作用。随着我国城市化开始向重视质量发展的转型，对城市模型的需求将更加迫切。

近几年，随着计算机能力的提升与新数据的出现，城市模型的研究和应用也迎来了新的春天，城乡规划学科教学方面也愈发重视定量城市研究内容。高等学校城乡规划学科专业指导委员会编制的《高等学校城乡规划本科指导性专业规范》指出，城乡规划专业的学生需要具备专业分析能力，包括掌握城乡发展现状剖析的内容和方法，能够应用预测方法对规划对象的未来需求和影响进行分析推演。城市模型正是在对城市系统进行抽象和概化的基础上，对城市空间现象与过程的抽象数学表达，可以利用实证数据和量化模型来支持城市决策。经调查，欧美部分知名高校已经开设了城市模型的相关课程，所使用的材料多是城市模型领域的著作而非教材，且内容多为经典城市模型在欧美国家的应用实践，对于我国的城市模型专业教学缺乏更为直接和更具针对性的指导意义。

为此，笔者于 2015 年率先在北京城市实验室（Beijing City Lab）官网发布了“城市模型及其规划设计响应”网络课程（课程链接：https：//www.beijingcitylab.com/courses/applied-urban-modeling/），内容涵盖经典的城市模型、基于大数据的城市模型、大模型这一城市与区域研究新范式、城市模型支持规划设计的前沿探索等，在线课件得到了数千人的下载。随后，笔者于 2018 年秋季学期在清华大学建筑学院开设全校选修课“城市模型概论”，侧重大数据时代的城市模型的理论、方法与应用进行教学，旨在使学生了解国际主流城市模型的模拟逻辑、数据需求和应用领域，城市系统的基本构成和城市模型的主要分类；熟悉城市模拟所需的各种基础数据、2~3种城市模拟方法及其应用以及城市规划实践中的城市模型及其应用场景；掌握从空间维度认识城市系统、城市模型的作用并能够开发简单的城市模型。

考虑到城市模型领域无论国际还是国内，都缺少贴合目前时代特征的教材，笔者结合已有的国际化学术研究、本土化工程实践以及海内外学术交流经历，在“城市模型概论”课程讲义的基础上，编写了《城市模型原理与应用》教材，作为城乡规划教学的必要知识点，供本科生及研究生使用；同时也可以为规划师、城市研究者等相关领域的技术及研究人员提供参考。欢迎读者们随时将阅读和使用反馈发送至 ylong@tsinghua.edu.cn。

更多相关研究，请访问北京城市实验室网站（https：//www.beijingcitylab.com）或个人网页（https：//www.beijingcitylab.com/longy）。

龙　瀛

2021 年 1 月于清华园

# 目录

# 第1章

# 城市模型概述

306
20
159
308
153
157
158
106
313
210
209
325
345
117
351
322
346
118
321
352
349
350
93
174
112
113
353
75
122
319
317
96
99
229
355
185
184
61
233
60
230
231
232
146
94

纵观城市科学的发展历史，从对城市现象的记载、描述，到对其进行归纳、总结，再到对城市事物之间的关系描述，最后发展到用系统的观点看待城市，其发展历程经历了一个从定性到定量的过程。现阶段，定量化程度已经越来越成为衡量该学科发展程度的标志。

“城市模型”（Urban Model）是对“城市空间发展模型”（Urban Spatial Development Model）的一个简化，是指在对城市系统进行抽象和概化的基础上，对城市空间现象与过程的抽象数学表达，是理解城市空间现象变化、对城市系统进行科学管理和规划的重要工具，可以为城市政策的执行及城市规划方案的制订和评估提供可行的技术支持。城市模型研究在城市科学中正在逐渐成为重要分支，也有学者把“城市模型”称作“城市空间动态模型”“土地模型”或“应用城市模型”等。

## 1.1 城市模型的产生和早期发展

城市模型研究始于 20 世纪初期。20 世纪初到 1950 年代中期是城市模型发展的初级阶段，经历了从一般概念模型、数学（或分析）模型到计算机模拟模型等几个阶段（图 1-1）。最初，学者尝试从城市形态与结构角度出发建立城市模型，直到 1950 年代末，计算机的出现和推广为城市模型研究的发展带来了新机遇。在 1960~1970 年代，城市模型研究出现了第一次高潮，其中以劳瑞模型（Lowry，1964）和阿隆索地租模型（Alonso，1964；Mills，1967；Muth，1961）为代表的空间交互（Spatial Interaction）模型以及土地与交通交互（LUTI）模型最为重要，引入城市规

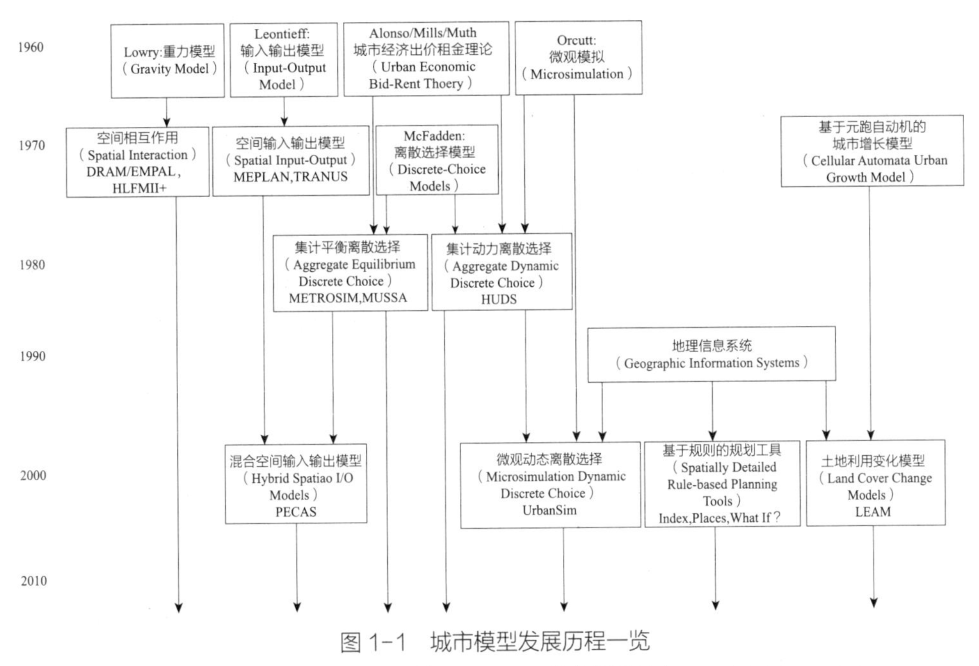


图 1-1 城市模型发展历程一览

资料来源：本图参考了 Paul Waddell 关于 UrbanSim 的介绍材料（Dynamic Microsimulation：UrbanSim，Webinar 5 of 8-part TMIP，Webinar series on land use forecasting methods）

划研究，为城市发展政策评估提供了新的视角。随后，基于空间经济学同 LUTI 模型框架的融合出现了以 MEPLAN 模型（Williams，Echenique，1978）和 TRANUS 模型（de la Barra，1989）为代表的一类空间均衡模型（Spatial Equilibrium Models）（万励，金鹰，2013）。

但以上研究中应用的城市模型仍维持在静态维度。随着进入 1990 年代，计算机技术开始快速发展，人工智能等相关领域同地理信息系统（Geographical Information System，GIS）的不断发展推动了城市模型逐渐向动态维度发展，出现了元胞自动机（Cellular Automata，CA）模型、基于个体建模（Agent-based Modelling，ABM）模型、空间非均衡模型等。地理信息系统在城市模型研究中的应用及其与城市模型的集成已经成为侧重于计算机模拟的城市模型发展的重要趋势。

这一时期研究者的国家与机构主要分布在美国和英国。美国在城市模型领域开始于 1950 年代，在时间上具有引领性。宾夕法尼亚大学（University of Pennsylvania）可以被称为“城市模型的故乡”。在英国方面，1970 年代初雷丁大学（University of Reading）曾开展过城市模型研究。而从 1970 年代末开始直至当下，剑桥大学（University of Cambridge）和利兹大学（University of Leeds）在英国的城市模型研究领域成了主导。两所大学侧重点不同，剑桥大学一直侧重于 MEPLAN 模型开发与应用，而利兹大学的研究重视空间分析。伦敦大学学院（University College London，UCL）的高级空间分析中心（Centre for Advanced Spatial Analysis，CASA）在经历了约二十年发展后也成了一支强大的定量分析和城市模型研究团队。除此之外，在英国乃至世界各地还存在一些学者和机构从事类似工作，如委内瑞拉 Modelistica 公司基于空间投入产出法开发的 TBANUS 模型，以及为智利圣地亚哥开发的 MUSSA 模型（Martinez，1996）。

从模型内容看，早期城市模型更侧重于交通模拟而非土地利用模拟，这与英美两国的规划传统有关，并对欧洲大陆国家同样适用。在中国，城市规划具有强烈的物质规划倾向，侧重建筑设计与城市设计。英美两国拥有强大的交通部门，侧重交通规划和相关工程设计，这使两国都出现了较大的交通研究机构，如 1960 年代加州大学伯克利分校（University of California，Berkeley）的交通研究组，以及伦敦帝国理工学院（Imperial College London）的交通研究中心。其中，伯克利的研究人员基于劳瑞模型针对旧金山湾区开发了多个交通模型，包括 1980 年代末约翰·兰迪斯（John Landis）开发的 CUF（California Urban Future）和 CUF-2 模型等（Landis，Zhang，1998a；Landis，Zhang，1998b；Landis，1994）。

1960~1970 年代是定量城市研究的黄金时期。当时的城市模型的研究目的主要为评估不同城市政策的潜在影响，包括城市更新、税收政策、交通及基础设施建设、区划政策（Zoning）、住房抵押贷款政策、反歧视政策、就业政策等（Lee，1973），并实际应用于高速公路建设、商业布局、住宅政策等方面（Kilbridge，et al，1970）。但当时的城市模型在解决实际问题方面仍存在不足，城市社会学和新马克思主义城市理论等对此进行了的批判，这导致了城市模型研究的衰退。而这一不足的原因主要为：在城市发展政策制定最相关的领域建模存在局限性，例如住房问题，它既受到私人部门又受到公共部门的影响，市场中的供给者和需求者在规模上极不对等，且住房供给者调整建设供应量也存在相当明显的滞后性。其深层原因在于，并非城市模型的复杂程度不够，而是对当时城市问题定性研究不足，很多城市问题的研究认识维度较为局限。以城市紧急服务设施的规划为例，1970 年代，纽约构建了一系列针对火警、紧急救护等紧急服务的城市模型，这些模型被用于预测如何应对突发情况，但它们的预测结果大部分是错误的。当局将消防站等设施部署于模型预测将发生火灾的地点，但实际上火灾发生到了别处，反而加剧了问题。在这个案例中，城市理论的不足主要导致了城市模型的两方面问题；第一，模型未能考虑很多微观层面的可能性，如消防员的缺勤行为——当人们感到规章制度太过束缚时就会做出自我调整，这是欧美国家很多城市服务都存在的情况；第二，模型未能深入火灾的产生机制，火灾并不仅与建筑房龄等客观条件相关，还与建筑内以及建筑周边人的个体行为、社会结构等因素相关。

这种理论层面的不足，可以进一步归结为城市理论在不确定性问题方面的不足，同时，人们也未能掌握足够的模拟主体（Agent）的行为模式的相关信息——模拟主体的行为可能看起来是理性的、有章可循的，但实际上他们的理性行为可能依循比模型更为复杂的逻辑框架。值得一提的是，不确定性也是规划理论研究所普遍关注的问题（Allmendinger，2001；Christensen，1985；赫磊，等，2012；于立，2004）。甚至说“有关未来的唯一确定因素就是可以肯定未来是不确定的”（于立，2004）。因此，从不同角度理解并应对城市发展的不确定性是传统规划理论和城市模型研究共同的重要研究方向。

## 1.2 城市模型的基本分类

当下的城市模型大部分属于动态模型，下文从不同角度对模型进行分类。

从建模方法看，常用的方法有基于空间相互作用理论（Spatial Interaction）的重力模型，最大熵理论模型（Entropy Maximizing），来自经济学的阿隆索地租模型（Alonso Model），离散选择模型（Discrete Choice Model），空间投入产出模型（Spatial Input-Output Model），回归分析（Regression Analysis），来自复杂科学的元胞自动机（Cellular Automata），基于个体建模以及微观模拟（Microsimulation Model，MSM）等（Pagliara，Wilson，2010）。但还有少数模型并不能被完全归类，它们的建模方法包含上述多种模型不同部分的融合，一般不具有“MEPLAN”“SLEUTH”（一种元胞自动机模型（Clarke，et al，1997））这样具体明确的名称，且往往是“一次性”的，比如专门为东京构建的模型、北京城市空间发展分析模型（BUDEM）（龙瀛，等，2010）等，而不像MEPLAN、SLEUTH、UrbanSim（基于LUTI模型框架、微观模拟、基于主体建模、离散选择的一种空间非均衡模型（Waddell，2002））等“软件包”式的模型在多个地区有应用。

从模型应用的具体领域看，有区域模型、城市土地模型、土地利用与交通模型、土地利用—交通—环境模型等（郑思齐，等，2010）。其中，土地利用与交通模型是从城市交通模型演化而来的，在大城市遭遇交通拥堵所导致的严重城市问题的背景下，研究者开始着手研究交通对土地利用的反作用机理，从而开始了土地利用与交通模型的研究（如Cube Land），基于传统的交通模型新增的土地模型研究内容一般包括居住区位选择、企业选址、房地产开发和土地开发等。目前，土地利用与交通模型是动态城市模型的主要存在形式之一，近几年，部分西方国家的代表城市或区域完成了一些用于实践的土地利用与交通整合模型。

从模型应用的空间尺度上看，主要为宏观尺度模型[①]和微观尺度模型，宏观尺度模型（或分区模型）的研究基于地理网格[②]（Grid）或小区（Zone），一般小区可以

① 或集计模型（Aggregated Models）。
② 或元胞（Cell）。

是交通分析小区（Traffic Analysis Zone，TAZ）或统计小区（Census Tract），在这种情况下，城市活动主体一般选用小区内的住户、家庭或公司的统计特征，即以一类活动主体作为分析对象，而非个体。而对于微观尺度模型来说，由于尺度的限制，城市活动主体一般选择住户、家庭和公司的个体，研究结果更加准确直观。

从城市模型发展过程来看，城市模型的发展趋势为分类趋于精细化，并且由传统的“自上而下”逐渐向“自下而上”发展。50年前，最初的城市模型均为集聚模型（Aggregate Model），如劳瑞模型、阿隆索地租模型等，且大多数早期的城市模型在产生之初都属于“自上而下”一类中，随着模拟尺度的不断缩小，早期模型逐渐解体。例如，20年前保罗·沃德尔（Paul Waddell）最初开发的UrbanSim系列模型比现在更加“集聚”。又如，交通模型也表现出相似的细分趋势，它们从经济学中引入了离散选择模型（Discrete Choice Model），后来又引入了高度分解的基于个体建模（Agent-Based Modeling，ABM），从总体出行分布（Aggregate Trip Distribution）模型演化为出行需求模型（Travel Demand Model），后又演化为家庭活动模型（Household Activity Model），是对每个人或家庭行为模式和出行决策的模拟，如模型TRANSIMS（Smith，et al，1995）、MATSim（Balmer，et al，2008）等，它们与MEPLAN模型等区域模型将3000~4000个家庭作为一整体进行模拟已大相径庭。需要特殊说明的是，目前基于微观的土地开发模型（Land Development Model）起源于GIS技术，并非是城市模型“自上而下”向“自下而上”转变的结果。这类模型与上述模型的区别在于，其主要应用于土地开发的模拟，模拟交通系统的应用相对较少。

基于对城市模型发展历程的梳理可以明确，未来的发展方向在于城市模型的精细化（动态的、基于离散动力学的、微观的、“自下而上”的城市空间模型）。与之相应的是，城市模型在规划实践中的应用也可以逐渐由宏观的总规层面转向微观的详规、修规层面，如MEPLAN、TRANUS、PECAS（Hunt，Abraham，2005）、FLUS（Liu，et al，2017）等。“自上而下”的空间均衡模型主要应用于大空间尺度规划政策的社会经济影响评估（万励，金鹰，2013；Armas，et al，2016），而世界上许多城市和区域已应用UrbanSim（Waddell，2002）等大尺度模型。

## 1.3 城市模型的发展趋势

城市模型发展的目的在于解决城市问题，当今城市的复杂性正在快速提高，为了能够给复杂的城市问题提供更合理的策略支持，城市模型建模方法呈现出以下特征。

第一，宏观模型与微观模型的结合。“自上而下”的宏观模型与“自下而上”的微观模型应在未来的建模中结合应用。例如，宏观模型可以模拟分区尺度的结果，而微观模型可以对上述结果进行“分配”，这样的合并建模可以构建出兼具集聚与分解、宏观与微观特征的模型。

第二，以问题为导向（Problem-oriented）构建城市模型。在我国规划编制与城市治理逐渐走向精细化的背景下，“问题导向型”模型也将提供更加科学、更适宜发展的策略，如剑桥大学跨学科空间分析实验室（Lab of Interdisciplinary Spatial Analysis，LISA）为上海嘉定区创新产业布局开发的基于个体建模的专用模型。

第三，城市模型研究需要适应城市复杂性的不断进化。模型的本质是对现实的简化，同时模拟的结果也是理想化情况。如果模拟对象变得非常复杂，模型需要从不同方面模拟研究对象。同时，数据质量的提高、模型种类的扩展以及信息技术的发展也有助于应对城市问题复杂性的增长。从数据质量方面来说，“众包”可以降低数据获取的成本，同时提高获取数据的精度。如 OpenStreetMap（开放街道地图，OSM）就是由用户根据手持 GPS 装置、航拍照片、卫星影像，甚至是自己对有关区域的了解而绘制、编辑的地图。与此相关的另一个趋势是，城市模型研究领域已经认识到模型并不能精准地推演未来，随着数据日益多元，未来可加强大数据与人工智能的结合，实现对社会系统的监控与短期预测。

第四，从不同角度理解城市问题，基于不同方面构建模型，观察并比较其模拟结果应对不确定性问题。该思路来自于宏观经济领域，经济学家采用多个不同计量模型模拟一个国家的宏观经济体系，然后对生成的不同结果进行选择与讨论，使决策者认识到模拟结果之间的异同。近年来未见类似的工作在城市研究领域展开，主要受到两项因素制约，一是采用多重视角分析问题需要大量的城市模型作为方法支撑，二是为同一问题建立多个模型将耗费大量资金。由于这两个因素的制约导致这一方法在规划实践中可能将首先应用于大尺度规划或总体问题分析，例如：评估总规用地规划、重大交通基础设施建设的影响等。

第五，在大数据时代，开展城市模型或城市研究的态势主要体现在以下几个方面。

（1）基于大数据的研究日趋破碎化，英国伦敦大学学院（UCL）高级空间分析中心（CASA）的巴蒂，在 Environment and Planning B 的 Editorial 中提到了这点（Batty，2012），即这些研究往往侧重于城市现象的某一个局部方面，鲜有综合的分析，这点可能在于大数据的特点是广、精和深，适合专业分析和挖掘。而传统的城市模型，则基于来自多个渠道的数据，实现较为综合的分析。

（2）大数据的分析算法趋于简单化，甚至有观点声称“大数据本身就是模型”，即通过对大数据的简单的时间、空间和属性层面的统计分析，就可以得到有趣的分析结果。

（3）基于大数据的研究，多关注两个层面，在城市内分析城市的空间结构，如笔者利用公交刷卡数据分析北京的通勤特征（龙瀛，等，2012），或在区域尺度分析区域间的联系，如甄峰等利用微博数据分析中国的城镇体系（甄峰，等，2012）。

（4）这类研究偏对城市的现状评价而非对未来的预测或对城市系统的模拟，这基本符合精细化城市模型的特征，即越精细化的模型越不适合对远景进行判断，而长于对现状的分析和问题的识别。

（5）大数据时代城市模型研究不局限于互联网数据，现阶段的城市数据来源主要依托于大型互联网公司和无线通信运营商，数据来源与数据类型仍然较为局限。一种新的记录数据的方式 ICT（Information and Communication Technology）即时信息和通信技术正在兴起，布置 ICT 基础设施采集数据，加强网络空间与物理空间的融合，获取与日常生活相关的更加多样的数据，以此引导生活方式和居民生活质量的改善。

## 1.4 典型城市模型及其基本情况

目前典型的城市模型基本信息见表 1–1。这些模型以城市土地利用研究为主，部分结合交通研究形成了土地利用与交通模型（“名称”列中粗体的）。模型应用的基本空间单元以小区和网格为主，仅有 UrbanSim、ILUTE 和 Agent iCity 属于微观模型，其中 UrbanSim 可以用于多尺度的模拟。据综述发现，目前 Alex Anas 的研究组正在洛杉矶区域使用 Relu–Tran 模型建立公共政策分析的虚拟实验室（Virtual Co-Laboratory for Policy Analysis in the Greater L.A. Region），属于分区尺度。英国 WSP 公司应用 MEPLAN 模型目前在很多城市开展了实践应用。

随着大数据时代的到来，多个领域的学者共同关注利用大数据开展城市研究，例如除了城市规划领域本身，计算机学科已经有很多专门的会议（如 LSBN 和 UbiComp）和主流的学者研究大数据挖掘的算法，进而对城市问题进行识别和诊断，并提出相应的建议。而地理信息科学也将目光关注到大数据，在自愿地理信息（Volunteer Geographical Information，VGI）利用大数据进行城市研究。时间地理学的学者，同样也因为大数据时代的到来而受益，以往多采用问卷调查方法获得日志，目前很多学者已经开始以具有时空信息的大数据作为分析的数据源。在这样的多学科百花齐放的背景下，基于大数据的城市研究蒸蒸日上（表 1–2）。

## 1.5 城市模型未来发展展望

### 1.5.1 加快研究颠覆性技术对城市的影响并纳入城市模型中

随着互联网行业发展而产生的城市大数据为城市研究者提供了认识、研究城市的新方法与新视角，为城市模型发展提供了新机遇。在互联网之外，近年来在

典型城市模型一览 表 1-1

| 序号 | 名称[①] | 所在国家 | 研究尺度[②] | 开发年份 | 代表性开发人员 / 机构 | 主要方法 | 时间基础 | 代表性文献 |
|---|---|---|---|---|---|---|---|---|
| 1 | POLIS | 美国 | 小区 | 1960年代 | 旧金山湾区政府协会 | 空间相互作用、离散选择 | 静态 | Association of Bay Area Governments（Association of Bay Area，2009） |
| 2 | DRAM/EMPAL | 美国 | 小区 | 1970年代 | Stephen H.Putman | 空间相互作用、离散选择 | 静态平衡 | 普特曼（Putman，1995） |
| 3 | **TRANUS** | 委内瑞拉 | 小区 | 1982年 | Modelistica | 空间投入产出 | 动态平衡 | 莫得利斯特卡（Modelistica，2005） |
| 4 | **MEPLAN** | 英国 | 小区 | 1984年 | Marcial Echenique | 空间投入产出 | 动态平衡 | 埃切尼克，等（Echenique，et al，1990） |
| 5 | **TLUMIP**[③] | 美国 | 小区 | 1990年代 | Tara Weidner | 空间投入产出 | 动态平衡 | 韦德纳，等（Weidner，et al，2007） |
| 6 | **IRPUD** | 德国 | 小区 | 1994年 | Michael Wegener | 离散选择 | 动态 | 韦格纳（Wegener，1996） |
| 7 | CUF | 美国 | DLU[④] | 1994年 | John Landis | 基于规则建模 | 动态 | 兰迪斯（Landis，1994） |
| 8 | **DELTA** | 英国 | 小区 | 1995年 | David Simmonds Consultancy | 离散选择 | 动态 | 西蒙兹（Simmonds，1996） |
| 9 | Metrosim | 美国 | 小区 | 1995年 | Alex Anas | 离散选择 | 动态平衡 | 阿纳斯 Anas（Anas，1994） |
| 10 | UrbanSim | 美国 | 多尺度[⑤] | 1996年 | Paul Waddell | 离散选择、微观模拟、基于个体建模 | 动态 | 沃德尔（Waddell，2002） |
| 11 | SLEUTH | 美国 | 网格 | 1997年 | Keith C. Clarke | 元胞自动机 | 动态 | 克拉克，等（Clarke，et al，1997） |
| 12 | CUF-2 | 美国 | 网格 | 1998年 | John Landis 和 Ming Zhang | 基于规则建模 | 动态 | 兰迪斯，张（Landis，Zhang，1998） |

① 粗体表示该模型也属于土地使用与交通模型。

② 该表统一以小区（Discrete Zone）代表分区模型的研究尺度。

③ 该模型是在 TRANUS 和 UrbanSim 基础上实现的。

④ DLU（Developable Land Unit），可开发用地单元，为非规则多边形，类似地块（矢量格式）。

⑤ 空间单元可以是小区、网格或地块，城市活动主体可以是类别（Categorical）层次，也可以是个体（Individual）层次。

续表

| 序号 | 名称 | 所在国家 | 研究尺度 | 开发年份 | 代表性开发人员 / 机构 | 主要方法 | 时间基础 | 代表性文献 |
|---|---|---|---|---|---|---|---|---|
| 13 | **ILUTE** | 加拿大 | 地块、居民、家庭 | 2004 年 | Eric J. Miller | 微观模拟、基于个体建模 | 动态 | 米勒，等（Miller，et al，2004） |
| 14 | **Relu–Tran** | 美国 | 小区 | 2007 年 | Alex Anas | 离散选择 | 动态平衡 | 阿纳斯，刘（Anas，Liu，2007） |
| 15 | **PECAS** | 加拿大 | 小区 | 2005 年 | John Douglas Hunt 和 John E. Abraham | 空间相互作用、空间投入产出 | 动态 | 亨特，亚伯拉罕（Hunt，Abraham，2005） |
| 16 | BUDEM | 中国 | 500m 网格 | 2009 年 | 龙瀛 | 元胞自动机 | 动态 | 龙瀛，等（Long，et al，2009） |
| 17 | MUSSA II① | 智利 | 小区 | 1996 年 | Francisco Martinez | 离散选择 | 动态平衡 | 马丁内斯（Martinez，1996） |
| 18 | GeoSOS | 中国 | 多尺度 | 2011 年 | 黎夏 | 元胞自动机、基于个体建模 | 动态 | 黎夏，等（Li，et al，2011） |
| 19 | AgentiCity | 加拿大 | 地块、居民、家庭 | 2012 年 | Suzana Dragicevic | 基于个体建模 | 动态 | 朱巴，德吉塞维（JJUMBA，DRAGIĆE VIĆ，2012） |
| 20 | **BLUTI②** | 中国 | 小区 | 2012 年 | 张宇 | 离散选择 | 静态平衡 | （张宇，等，2012） |
| 21 | QUANT | 英国 | 大尺度 | 2015 年 | Centre for Advanced Spatial Analysis，CASA，UCL | 微观模拟、基于个体建模 | 动态 | （Smith，2018） |
| 22 | MATSim | 新加坡 | 大尺度 | 2016 年 | 未来城市实验室 | 基于个体建模 | 动态 | （Armas，et al，2016） |
| 23 | FLUS | 中国 | 多尺度 | 2017 年 | 刘小平 | 元胞自动机 | 动态 | （Liu，et al，2017） |

资料来源：作者整理

① 目前称为 Cube Land。

② 使用 Cube 软件基于北京市宏观交通模型 BMI Model 基础上开发。

城市模型相关机构、学术会议及课程一览 表 1-2

| 研究机构 | | |
|---|---|---|
| 机构名称 | 依托单位 | 研究方向 |
| 北京城市实验室（Beijing City Lab，BCL） | | 专注于运用跨学科方法量化城市发展动态，开展城市科学研究。BCL 是中国第一个开放的定量城市研究网络，通过邀请学者发布其工作论文等形式阐释其对城市研究的最新见解，通过数据分享行为为科研群体提供开放的城市定量研究数据 |
| QUANT | Centre for Advanced Spatial Analysis，CASA，UCL | QUANT 主要模拟英国城市内人口、劳动力、出行成本的变化对于居民交通出行的影响。其模型主要关注的是劳动者如何选择其住所，以及他们在职住地点之间的交通成本 |
| 未来城市实验室（Future Cities Laboratory，FCL） | Singapore-eth centre 新加坡-ETH 研究中心 | MATSim（Multi-Agent Transport Simulation）Singapore 是一个大尺度 Agent-based 交通模拟的开源框架，项目的主要负责人是 Pieter Fourie |
| UrbanSim | University of California，Berkeley | 创始人 Paul Waddell，最初为开源软件，后经过多年的发展，在 2017 年发布了世界上第一个云端城市模拟平台 UrbanCanvas Modeler |
| Lab of Interdisciplinary Spatial Analysis（LISA Lab） | Department of Land Economy，University of Cambridge | 关注土地经济（Land Economy）等相关学科，集数据整合、软件、空间分析等专业技能的地理信息实验室，重点关注空间分析方法和动态模拟 |
| Urban Land Use and Transportation Center（ULTRANS） | Institute for Transportation Studies（ITS）at UC Davis | 致力于研究土地利用、交通与环境的关系。研究活动主要分为四个领域：实证依据、模型与工具、机构分析以及政策设计 |
| Center for Environmental Sensing and Modeling（CENSAM）IRG | Singapore-MIT Alliance for Research and Technology（SMART） | 在普适性监测、建模和控制的新范式下，采用多分辨率的环境模型在复合尺度（微观、中观、宏观）上体现自然与建成环境的无缝转换 |
| PECAS（Production，Exchange and Consumption Allocation System） | HBA Specto Incorporated | 通过经济空间系统的一般性模拟方法，模拟土地利用/交通交互作用模型系统中的土地利用要素 |
| Spatial Analysis and Modeling（SAM）Laboratory | Simon Fraser University | Suzana Dragicevic 创建。通过对土地利用变化、城市增长、疾病传播、资源管理和人类健康的动态建模，描述、理解、模拟和预测环境与人类变化的过程及其相互关系。主要方法有元胞自动机（Cellular Automata），模糊逻辑与集合（Fuzzy Logic and Sets），空间数据的探索分析（Exploratory Spatial Data Analysis），数据挖掘（Data Mining），基于网络的 GIS 系统（Web-based GIS），多准则分析和可视化（Multi-criteria Analysis and Visualizations） |

续表

| 研究机构 | | |
|---|---|---|
| 机构名称 | 依托单位 | 研究方向 |
| RELU-TRAN Model（Regional Economy，Land Use and Transportation Model） | State University of New York at Buffalo | Alex Anas 从 2004 年创建开发至今。RELU-TRAN 是一个能细化到空间、可计算的都市区经济均衡模型，基于微观经济理论，此模型能够处理消费者、公司、房地产开发者以及政府的决策和政策 |
| **学术会议** | | |
| **会议名称** | **主办单位** | **会议主题** |
| Applied Urban Modelling（AUM） | The Martin Centre for Architectural and Urban Studies，University of Cambridge | 始于 2011 年的年会，主题为探讨应用城市模拟模型以揭示城市变化，从而为实际政策导向提供依据 |
| Computers in Urban Planning and Urban Management（CUPUM） | School of Art，Architecture and Design，University of South Australia | 始于 1989 年的双年会，已经召开过 15 次，有近三十年的历史。致力于利用计算机科技来解决在城市规划和发展中广泛存在的社会、管理和环境问题 |
| Integrated Land-use Transport Modeling（ILUTM） | China Communications and Transportation Association（CCTA） | 关注城市区域经济、用地、交通、环境规划等主题 |
| **相关课程** | | |
| **课程名称** | **授课单位** | **课程内容** |
| 城市模拟与规划 | 同济大学 | 课程介绍城市模拟的发展历程，重点讲授多代理人模拟软件 NetLogo 的技术原理和操作方法，提供学生理性地分析城市现象和规划的工具 |
| 城市模型及其规划设计响应 | 北京城市实验室（Beijing City Lab，BCL） | 线上课件，为龙瀛及其合作者近年来在城市模型领域研究的部分合集，包括传统的城市模型、基于大数据的城市模型、大模型这一城市与区域研究新范式，以及最近面向规划设计应用的初步探索 |
| 城市模型概论 | 清华大学 | 本科生课程：结合国际学界和业界在城市模型领域的最新研究进展，并充分考虑中国城市化的自身特征和所处阶段，对城市模型这一领域进行讲授。内容涵盖城市系统概述、城市模型概述、城市模型涉及的数据 / 方法 / 软件 / 可视化技术、主流城市模拟方法、最新前沿等 |

资料来源：作者整理

第四次工业革命背景下诞生的颠覆性技术，包括（但不限于）人工智能（AI）、云计算、机器人、3D打印、传感网、物联网、虚拟现实、增强现实、清洁能源、量子信息等即将在城市中普及应用，对人们的日常生活、城市的运行方式乃至城市空间被使用的方式即将产生巨大影响。而当前主流与最新模型仍然关注的城市传统问题，集中于土地利用、交通模拟等方面。对当下及即将投入使用的颠覆性技术缺乏考虑，这可能会导致近期开发或更新的城市空间在建成后不久就出现不适用或再次更新的情况。颠覆性技术会改变居民对城市空间的使用方式，城市功能组织逐渐碎片化、分布化和混合化，无人驾驶的发展也将带来交通空间的重新组织。考虑到城市发生的诸多转变，以面向未来进行应用的城市模拟方法如果不做相应的适应性调整，势必造成开发完毕后就以应用失败而告终。因此，在城市模型的研究领域，应在城市模型应用中考虑未来无人驾驶对城市空间结构和交通系统的影响：无人驾驶时代，我们的城市是否还需要如此多的车道和如此巨大的停车空间，城市模型可以帮助我们模拟未来城市道路系统的改变；随着5G、虚拟现实、增强现实等颠覆性技术的发展，未来可能不需要固定的工作场所，远程办公会对通勤量产生怎样的影响，城市模型可以帮助我们调整城市空间结构；互联网公司算法可以掌握对个人空间场所选择偏好，城市模型可以基于此研究对空间使用的影响等。

### 1.5.2 面向收缩城市的城市模型构建

城市是一个有机体，有着自身“生长盛衰”的过程，城市收缩是城市发展规律中的一环。在中国，由于快速城市化的背景，收缩现象极易被忽略（龙瀛，2015；龙瀛，等，2015；吴康，等，2015；杨东峰，等，2015），城市的传统规划主要以增长为范式。正确认识中国城市收缩问题，转变以增长为目标的传统规划方式，提出科学合理应对收缩的策略已经成为中国城市发展迫在眉睫的问题。对于收缩城市的研究首先应是识别收缩城市分布区域，明确收缩城市的集聚特征，以此挖掘中国不同收缩城市的独特动因。针对城市收缩的情况，制定面向城市收缩的政策：通过政策抑制城市收缩，或制定精明收缩政策避免空间的衰败和活力衰退。在确定应对城市收缩的政策后，通过城市模型预测城市未来变化，验证策略的正确性。由此可以以科学的策略为支撑，明确城市未来的发展方向。

### 1.5.3 加强人本尺度的城市模型构建

2015年底召开的中央城市工作会议明确指出，“推动以人为核心的新型城镇化”。城市的人本尺度与城市精细化的空间品质、城市活力等直接相关。人本尺度指的是日常生活中与人身体接触和活动密切相关的城市形态，是城市网络、街区和地块尺度的深化和补充，一般对应包括公园、广场、绿地和城市街道的城市公共空间。过去由于数据的匮乏等原因，大部分人本尺度的城市街区、景观绿地都是基于设计经验而建成的，缺乏科学的响应与评估，新数据环境为开展人本尺度的研究提供了数据基础。对于我国来说，模型研究主要集中于宏观尺度，例如土地利用和交通模型与侧重于城市扩张模拟的城市模型，在微观尺度上的研究与应用都较少。在国家政策一再强调城乡规划设计管理中要“以人为本”的大背景下，人本尺度的城市建成环境研究是城市发展“以人为核心”趋势的重要体现，关注人本尺度的城市模型研究具有重要意义。因此，针对与我们的日常生活息息相关的人本尺度的定量模拟是亟需开展的。

### 1.5.4 加强数据驱动型城市模型的开发

目前的热点模型为基于离散动力学的动态城市模型，同时主流模型基本上也都属于基于机理建模，是根据城市运行的内部机制或机理建立起来的精确数学模型，例如：BUDEM 模型、GeoSOS 模型和 FLUS 模型是基于元胞自动机建模，QUANT 模型、MATSim 模型、Agent iCity 模型是基于个体建模等。这类模型的构建往往需要较多的参数，而这些参数如果不能精确获取的话，将会影响到模型模拟的效果。在当下的新技术、新数据环境下，未来与城市相关的数据将会继续呈现爆炸式的增长态势。并且在计算机的快速发展的支持下，未来城市模型研究可以以数据为驱动力，根据城市数据的特征构建新的城市模型，以此来满足实际研究中识别城市问题规律与机理的需要。

### 1.5.5 客观认识城市定义，更科学地构建城市模型

城市行政地域、城市实体地域和城市功能地域是城市地域概念的三种基本类型（周一星，史育龙，1995）。我国在实体地域和功能地域方面研究较少，关于“城市”的具体界定一直存在着“行政”和“实体”的二元割裂（龙瀛，吴康，2016）。实体城市突破了传统行政区的限制，是城镇型的城市空间，其对于城市模型和城乡规划问题研究同样重要。主要体现在以下三个方面：①城市模型若以城市行政边界或行政区边界为空间对象进行模拟、分析，极有可能受到边界效应（Edge Effect）等因素的影响，导致分析结果的准确性受到质疑。②城市模型以实体城市作为空间对象，可以基于城乡区别制定针对不同问题的模拟分析研究，准确地模拟不同因素对城市及乡村发展的影响，制定适于自身的发展策略，为城乡区别管理提供依据。③实体城市为城乡规划学等与城市研究相关学科提供了地域范围，为日后民政部门的行政区划调整提供依据；同时明确实体城市的范围，可以更加准确地统计城镇人口，测算城市化率，科学统计城市发展变化的信息。

## 1.6 本章小结

经过半个多世纪的发展，城市模型在城市公共政策制定等方面已经表现出了至关重要的作用。同时，计算机能力的提升与新数据的出现为城市定量研究的重要工具“城市模型”提供了良好的基础与条件。因此，在城乡规划学科定量化发展的背景下，城市模型未来势必会得到更多的关注与应用。在第四次工业革命的时代背景和中国城市经历三十年快速发展的现实背景下，城市模型自身如何发展以适应当下中国城市面临的重要问题是本章的研究重点。

本章首先简单介绍城市模型，分析了城市模型的基本情况和分类方式、发展过程及发展趋势；并在介绍城市经典模型与具有代表性的城市模型相关学术会议的基础上，提出城市模型研究展望。针对城市模型研究，提出 5 项展望，分别为：①拥抱颠覆性技术所带来的变化，加快研究颠覆性技术对城市的影响并纳入城市模型研究之中。②面向收缩城市构建城市模型，顺势而为解决城市收缩问题。③在新数据环境与计算机发展的共同作用下，弥补传统研究主要集中于宏观尺度的不足，加强人本尺度城市模型的构建，体现城市发展“以人为本”的趋势。④加强数据驱动型城市模型的开发，更加科学准确地解决城市问题。⑤我国关于“城市”空间范围的具体界定会导致城乡统计口径和基本概念混淆的问题。因此城市模型研究应理清实体城市概念，避免造成模拟分析的错误。

## 参考文献

[1] ALLMENDINGER P. Planning in postmodern times[M]. London：Routledge，2001.

[2] ALONSO W. Location and Land Use：Toward a General Theory of Land Rent[M]. Cambridge，MA：Harvard University Press，1964.

[3] ANAS A. METROSIM：A unified economic model of transportation and land-use[M]. Williamsville，NY：Alex Anas & Associates，1994.

[4] ANAS A，LIU Y. A regional economy，land use，and transportation model ( relu - tran© )：formulation，algorithm design and testing[J]. Journal of Regional Science，2007，47 ( 3 )：415-455.

[5] Armas R，Aguirre H，Daolio F，et al. An effective EA for short term evolution with small population for traffic signal optimization[C]. Orlando，USA：2016 IEEE Symposium Series on Computational Intelligence，2016.

[6] ASSOCIATION OF BAY AREA GOVERNMENTS. Zone-Level Allocation ( POLIS Model ) [M]. 2009.

[7] BATTY M. Smart cities，big data[J]. Environment and Planning B：Planning and Design，2012，39 ( 2 )：191-193.

[8] BALMER M, MEISTER K, NAGEL K, et al. Agent-based simulation of travel demand: Structure and computational performance of MATSim-T[M]. ETH, Eidgenössische Technische Hochschule Zürich, IVT Institut für Verkehrsplanung und Transportsysteme, 2008.

[9] CHRISTENSEN K S. Coping with uncertainty in planning[J]. Journal of the American Planning Association, 1985, 51 (1): 63-73.

[10] CLARKE K C, HOPPEN S, GAYDOS L. A self-modifying cellular automaton model of historical urbanization in the San Francisco Bay area[J]. Environment planning B: planning and design, 1997, 24 (2): 247-261.

[11] DE LA BARRA T. Integrated land use and transport modelling. Decision chains and hierarchies[M]. Cambridge, England: Cambridge University Press, 1989.

[12] ECHENIQUE M H, FLOWERDEW A D, HUNT J D, et al. The MEPLAN models of Bilbao, Leeds and Dortmund[J]. Transport Reviews, 1990, 10 (4): 309-322.

[13] HUNT J D, ABRAHAM J E. Design and implementation of PECAS: A generalised system for allocating economic production, exchange and consumption quantities[M]//LEE-GOSSELINMEH, DOHERTY S T. Integrated Land-Use and Transportation Models: Behavioural Foundations. Emerald Group Publishing Limited, 2005: 253-273.

[14] JJUMBA A, DRAGIĆEVIĆ S. High resolution urban land-use change modeling: Agent iCity approach[J]. Applied Spatial Analysis and Policy, 2012, 5 (4): 291-315.

[15] KILBRIDGE M D, BLOCK R P, TEPLITZ P V. Urban analysis[M]. Boston: Harvard University, 1970.

[16] LANDIS J, ZHANG M. The second generation of the California urban futures model. Part 1: Model logic and theory[J]. Environment planning B: planning and design, 1998, 25 (5): 657-666.

[17] LANDIS J, ZHANG M. The second generation of the California urban futures model. Part 2: Specification and calibration results of the land-use change submodel[J]. Environment planning B: planning and design, 1998, 25 (6): 795-824.

[18] LANDIS J D. The California urban futures model: a new generation of metropolitan simulation models[J]. Environment planning B: planning and design, 1994, 21 (4): 399-420.

[19] LEE D B. Requiem for large-scale models[J]. Journal of the American Institute of planners, 1973, 39 (3): 163-178.

[20] LI X, SHI X, HE J, et al. Coupling simulation and optimization to solve planning problems in a fast-developing area[J]. Annals of the Association of American Geographers, 2011, 101 (5): 1032-1048.

[21] LIU XP, LIANG X, LI X, et al. A future land use simulation model (FLUS) for simulating multiple land use scenarios by coupling human and natural effects[J]. Landscape and Urban Planning, 2017, 168: 94-116.

[22] LONG Y, MAO Q, DANG A.Beijing urban development model: Urban growth analysis and simulation[J]. Tsinghua Science and Technology, 2009, 14(6): 782–794.

[23] LOWRY I S.A model of metropolis[R]. Santa Monica, CA: The RAND Corporation, 1964.

[24] MARTINEZ F. MUSSA: land use model for Santiago city[J]. Transportation Research Record, 1996, 1552): 126–134.

[25] MILLER E J, HUNT J D, ABRAHAM J E, et al. Microsimulating urban systems[J]. Computers, Environment and Urban Systems, 2004, 28(1–2): 9–44.

[26] MILLS E S. An aggregative model of resource allocation in a metropolitan area[J]. The American Economic Review, 1967, 57(2): 197–210.

[27] MODELISTICA, TRANUS Integrated Land Use and Transport Modeling System Version 5.0[R]. 2005.

[28] MUTH R F. The Spatial Structure of the Housing Market[J]. Papers in Regional Science, 1961, 7(1): 207–220.

[29] PAGLIARA F, WILSON A. The state–of–the–art in building residential location models[M]// PAGLIARA F, PRESTON J, SIMMONDS D. Residential Location Choice: Models and Applications. Berlin, Heidelberg: Springer, 2010.

[30] PUTMAN S H. EMPAL and DRAM location and land use models: a technical overview[M]. Land Use Modelling Conference. Dallas, TX: Urban Simulation Laboratory, Department of City and Regional Planning, University of Pennsylvania, 1995.

[31] SIMMONDS D C. DELTA Model Design[M]. Cambridge, UK: David Simmonds Consultancy, 1996.

[32] SMITH L, BECKMAN R, BAGGERLY K. TRANSIMS: Transportation analysis and simulation system[R]. Los Alamos National Lab, 1995.

[33] SMITH D A. Employment Accessibility in the London Metropolitan Region: Developing a Multi–Modal Travel Cost Model Using Open Trip Planner and Average Road Speed Data[J]. UCL WORKING PAPERS SERIES, 2018, 9 : 211.

[34] WADDELL P. UrbanSim: Modeling urban development for land use, transportation, and environmental planning[J]. Journal of the American planning association, 2002, 68(3): 297–314.

[35] WADDELL P. Dynamic Microsimulation: UrbanSim[R]. 2011.

[36] WEGENER M. Reduction of $CO_2$ emissions of transport by reorganisation of urban activities[M]// HAYASHI Y, ROY J. Transport, land–use and the environment. Dordrecht: Kluwer Academic Publishers, 1996: 103–124.

[37] WEIDNER T, DONNELLY R, FREEDMAN J, et al.A summary of the Oregon TLUMIP model microsimulation modules[C] //Annual Meeting of the Transportation Research Board. Washington, DC, 2007.

[38] WILLIAMS I N, ECHENIQUE M H. A REGIONAL MODEL FOR COMMODITY AND PASSENGER FLOWS[C]// Planning & Transport Res & Comp, Sum Ann Mtg, Proc, 1978.

[39] 赫磊，宋彦，戴慎志 . 城市规划应对不确定性问题的范式研究 [J]. 城市规划，2012（7）：15–22.

[40] 龙瀛 . 高度重视人口收缩对城市规划的挑战 [J]. 探索与争鸣，2015(6)：32–33.

[41] 龙瀛，毛其智，沈振江，等 . 北京城市空间发展分析模型 [J]. 城市与区域规划研究，2010，3（2）：180–212.

[42] 龙瀛，吴康 . 中国城市化的几个现实问题：空间扩张、人口收缩、低密度人类活动与城市范围界定 [J]. 城市规划学刊，2016（2）：72–77.

[43] 龙瀛，吴康，王江浩 . 中国收缩城市及其研究框架 [J]. 现代城市研究，2015（9）：14–19.

[44] 龙瀛，张宇，崔承印 . 利用公交刷卡数据分析北京职住关系和通勤出行 [J]. 地理学报，2012，67（10）：1339–1352.

[45] 万励，金鹰 . 国外应用城市模型发展回顾与新型空间政策模型介绍 [R]. 2013.

[46] 杨东峰，龙瀛，杨文诗，等 . 人口流失与空间扩张：中国快速城市化进程中的城市收缩悖论 [J]. 现代城市研究，2015（9）：20–25.

[47] 于立 . 城市规划的不确定性分析与规划效能理论 [J]. 城市规划汇刊，2004（2）：37–42.

[48] 张宇，郑猛，张晓东，等 . 北京市交通与土地使用整合模型开发与应用 [J]. 城市发展研究，2012，12（2）：108–115.

[49] 甄峰，王波，陈映雪 . 基于网络社会空间的中国城市网络特征——以新浪微博为例 [J]. 地理学报，2012，67（8）：1031–1043.

[50] 郑思齐，霍燚，张英杰，等 . 城市空间动态模型的研究进展与应用前景 [J]. 城市问题，2010（9）：25–30.

[51] 周一星，史育龙 . 建立中国城市的实体地域概念 [J]. 地理学报，1995（4）：289–301.

# 第2章

# 城市的定义

306
20
159
181
153
104
157
158
106
213
210
209
325
345
117
322
346
351
118
321
352
349
350
93
114
112
113
75
122
353
354
146
94
319
317
96
99
229
355
185
184
61
233
60

城市模型是对城市系统进行抽象和概化的基础上，对城市空间现象与过程的抽象数学表达，是理解城市运行，分析城市内部社会、经济、科技与生态问题的重要方法与手段。城市是自然、社会和经济活动的主要载体，也是城市模型建立、模拟与分析的地理围栏和基本单元。无论是早期的概念模型、数据分析还是现阶段的计算机模拟，在模型建立之初都需要明确其模拟的对象及其所在的空间范围。对城市的界定，往往基于不同的目的而产生不同的结果，其概念和边界上的差异也直接影响其边界内的空间现象、过程与联系，从而决定城市模型的构建方法与参数选择。上一章我们介绍了城市模型的概念、类型与发展趋势，在深入学习构建城市模型所需的数据与方法前，我们首先要了解什么是城市，我国的城市是如何定义的，其范围有多大，边界划定的依据是什么。本章内容围绕城市的定义展开，介绍了不同视角下的城市及其定义，阐述并探讨了不同城市定义的必要性和意义，通过案例研究的方式介绍了我国实体地域城市和功能地域城市的识别方法和结果。

## 2.1 不同视角下的城市及其定义

在城市规划领域，对城市的定义及其边界的界定存在着三种不同的视角，分别为行政区划视角下的行政地域城市、空间视角下的实体地域城市和城市功能性视角下的功能地域城市（周一星，史育龙，1995；Long，2016）。城市和乡村具有不同的生产系统和消费系统，相对于农村，城市有高密度的生活居住空间，相对完善的基础设施、公共设施及人工景观。因而在实践中需要掌握准确的城乡范围，从而区别管理。就功能地域而言，在新型城镇化战略的背景下，我国城市化发展由以前的城镇化转为大城市化，其表现为单个城市的都市化和特大城市群的出现与发育。因此，建立与国际城市接轨的功能地域概念并进行科学规范的识别界定成为当前中国新型城镇化研究需要廓清的最基本命题之一。目前，我国城市规划与城市研究领域对行政地域城市的认识较为成熟，其应用也较为普遍，但对实体地域和功能地域城市的研究相对匮乏。建立我国实体地域和功能地域的识别体系对我国未来的城市发展至关重要，并且我国中小城镇在城镇化过程中究竟占有什么地位以及对我国城镇化的贡献尚不明确，建立我国实体地域和功能地域识别体系也是指导我国中小城市发展，从而缓解大城市集聚带来的压力的重要工作。

### 2.1.1 行政地域城市

"大道之行也，天下为公"，原始社会并没有地域区划的概念，人们往往以原始群、血缘公社、氏族、部落等组织为单位进行生产生活活动，即一群人在一定的地域范围内，遵循一定的规则进行活动。随着生产力的不断发展，剩余产品的积累促使了社会分工与分配的复杂化，需要有人专门从事管理工作，逐渐形成了行政区划的雏形。随着国家的产生，统治阶级为了进行分解管理而对区域进行了划分，由此形成行政区划并渐渐明确和固定下来。行政地域城市即是行政区划下，城市管辖权所对应的空间范围。在我国，行政区划有着重要意义，城市的统计工作及其他各项管理工作,大多是以行政地域为基础开展的。行政城市的定义一般基于历史沿革形成，并在城市发展过程中有所调整，如何划定行政城市，也体现了政府对城市的理解和文化的判断。1949年后中国的行政区划基本沿袭了民国时期的市制，经过几次改革后，现行的行政区划分为四级，分别为一级省级行政区，包括省、自治区、直辖市，特别行政区；二级地级行政区，包括地级市、地区、自治州，盟；三级县级行政区，包括市辖区、县级市、县、自治县、旗、自治旗、林区，特区；四级乡级行政区，包括街道、镇、乡、民族乡、苏木，等。然而，近年来我国经历的快速城镇化，尤其是大城市的无序扩张使得城市发展和活动不断超过现有城市行政地域的管辖范围，对行政地域城市在规划和研究中的应用提出了挑战。

### 2.1.2 实体地域城市

实体地域是指城市中城镇型的城市空间，泛指城市的建成区范围。长期以来，我国的行政城市和实体城市存在着二元割裂（龙瀛，吴康，2016）。我国的行政城市既包括城市也包括农村，大面积的农村土地使得行政城市的平均建设用地占比很低，给城市研究的各项工作带来了困难。然而，我国对城市实体地域的研究较少，城乡统计口径和基本概念也十分混乱。胡序威在《致规划界的一封公开信》中特别提及不能把设“市”的市域看成“城市”（胡序威，2015）。周一星更是反复强调中国所有市镇的行政地域远远大于他们的实体地域，“市”不代表“城市”，“镇”不代表“城镇”，我国所有城市统计数据不代表真正的“城市”（周一星，1986；周一星，于海波，2005；周一星，2006；周一星，2013；周一星，2010）。对实体地域城市的认识不足给城市的统计和建设带来了很多困难，甚至造成对城市化的误判。此外，对行政地域城市的过度依赖也与国际上普遍认为的城市概念不能接轨，诸多城市理论与问题不能对比与借鉴。

### 2.1.3 功能地域城市

一名居住在廊坊市的互联网从业人员，每日通勤往返于居住地和位于北京市丰台区的工作单位，周末则会送孩子到朝阳区的钢琴培训班上课，对于他和他的家人来说，北京市和廊坊市的行政边界逐渐失去了意义，取而代之的是他们的生活圈所形成的新的地理单元。像他这样的家庭不止一个，随着城市社会越来越发达，城市与其周边地域之间的社会、经济联系也越来越频繁，人口、资源和信息的高频流动使得城市的行政边界也变得越来越模糊。对于城市规划与管理来说，行政辖区内和行政辖区间的协调与统筹是现象背后亟待解决的问题与新型城镇化建设的需求。在这一现实背景下，功能地域城市的概念应运而生。功能地域城市从经济、社会等城市主要功能的视角重新定义了城市经济单元，其是由一系列高人口密度的城市核心区和相邻的且与核心区有密切社会经济联系并形成功能一体化的外围组成，一般是以一日为周期的城市居住、就业、教育、医疗等城市功能所辐射的范围所构成。

## 2.2 重新定义城市的必要性和意义

上一节提到，在我国城市规划和城市研究中过度依赖行政区划，而对其他视角下的城市研究与认识不足。确定城市人口的规模、城市的地理分布及其随着时间变化的情况，是及时应对灾害、评估人类活动对环境影响的基础，也将有利于评价人与自然的相互关系。划分城乡范围也被学者认为有利于当代的可持续的城市化，以维护城市化和生物圈的稳定关系。但是，我国频繁地改变市镇划分标准，尤其是1986年以来多次“撤县改市”“撤乡改镇”“县级市改地级市”“县和县级市改区”，只是单纯地调整市镇设置标准，并没有起到划分城乡、解决城乡统计问题的作用。并且错误地认为通过市镇设置可以直接促进经济发展（周一星，2013）。这给有关部门掌握真实的城市人口数据，确定准确的城市化水平，了解我国的基本国情带来了困难，如一般国家都是用市镇范围内的人口作为城市人口的，而由于我国的市镇划分调整，中国的市镇其实是包括农业人口和非农业人口的城乡混合地域，如果以“市长管理的人口”作为城市人口统计标准来计算，我国城市的城市化率达到90%以上，这明显与实际情况不符。因而我国急切地需要明确城市的实体地域，建立区别城乡的空间识别系统，从而了解我国城市化的具体情况和演进。

### 2.2.1 定义实体地域城市的意义

利用不同指标，城市的定义将有所不同，科学地分析城市、规划城市的第一步是明确和精准地定义城市。识别实体地域城市的意义主要包括以下几方面内容。首先，为城市有关的研究例如城市生态学、城市社会学、城市地理学、城市经济学等廓清了基本概念和地域范围。其次，掌握实体地域城市的范围与边界，有利于统计城镇人口，了解我国城市化率，从而为国家新型城镇化战略决策提供依据。中国的城市化率一直没有确切的数值，因而我国的城市化进程也一直被国外专家学者所诟病，我国的人口占全球人口的1/5，了解我国城市化率究竟是多少有助于了解世界城市化水平。同时，规范城市人口统计的边界也将为城市人口预测提供基础。最后，明确城市实体地域为城市的建设和开发工作提供最基本的边界依据，有助于控制城市开发规模，集约利用土地，保护耕地。

### 2.2.2 定义功能地域城市的意义

就功能地域而言，在新型城镇化战略的背景下，我国城市化发展由以前的城镇化转为大城市化，其表现为单个城市的都市化和特大城市群的出现与发育。因此建立与国际城市接轨的功能地域概念并进行科学规范的识别界定成为当前中国新型城镇化研究需要廓清的最基本命题之一。界定中国城市功能地域的一个重要原因是，在现实中，城市的行政边界并不能代表劳动力和经济活动的影响力和规模。举例来说，有相当一部分居民，尽管居住在河北省的三河和燕郊，却每天通勤去北京工作，这种通勤不可避免地在传统的行政边界以外对北京的经济、房地产和环境产生重大的影响。相较实体地域而言，功能地域的概念更符合未来大都市化和城市群发展的趋势。城市功能地域是一个理解城市经济和政治区域的重要工具，可以缓解城市发展过程中遇到的问题和挑战。城市功能地域可以提供一个更为精确的边界来指导城市规划和建设，如城市基础设施建设、区域协同发展、重大环境工程建设、高速公路建设等。识别城市功能地域的另一个意义在于，功能地域提供一个边界来规范和处理统计数据。例如，美国行政管理和预算局利用城市功能地域范围作为确定住房补贴、工资水平和医疗补贴的基础。并且，目前我国中小城镇在城镇化过程中究竟占有什么地位以及对我国城镇化的贡献尚不明确，建立我国实体地域和功能地域的识别体系，也是指导我国中小城市发展，从而缓解大城市集聚带来的压力的重要工作。

## 2.3 实体地域城市的识别

在这一节中，我们将用实证案例来介绍如何识别我国实体地域城市（马爽，龙瀛，2019）。接下来，我们将从数据准备、识别方法和识别结果三个方面来论述。

### 2.3.1 数据准备

从实体地域城市的定义中不难看出，实体地域实际为人口稠密、非农业活动发达的城市型景观分布地域，因此对其范围的识别和边界的划定主要依据是城市的城镇建设用地面积和分布。我们选取了 2015 年全国城镇建设用地空间分布数据和全国社区行政边界。其中，城镇建设用地空间分布数据由中国土地利用现状遥感监测数据（城镇建设用地部分，用地类别为 51）加工而成，原始资料购买于资源环境数据云平台（http：//www.resdc.cn），遥感图像精度为 30m（图 2-1）。我国社区在农村指的是行政村，在城市指的是居委会辖区，在行政区划体系中，社区是城市街道办事处、行政建制乡镇这一基层行政区划单位的基本构成单元。全国社区行政边界包含 740519 个社区 / 自然村，是笔者利用各种开放数据整理得到的（图 2-2）。

### 2.3.2 识别方法

实体地域城市的界定不能完全脱离行政区划，因此在对我国实体地域城市进行识别时，最小地理单元的划分依托了现有的第三级行政区划，即城市中的居委会辖区。对我国实体地域城市进行识别，首先，在 ArcGIS 平台上对城镇建设用地与全国社区边界进行叠加分析，统计计算每个社区边界内的城镇建设用地比例；其次，设定比例阈值，建设用地占比超过阈值的社区定义为城市实体地域的候选区；最后，考察实体地域候选区的空间分布，选择接连成片并超过一定面积规模的候选区集合定义为一个实体地域城市。

对实体地域城市的识别，其核心在于上述两个阈值的设定。我国的设市标准变化频繁且指标多样。国务院于 1984 年调整了建制镇的设置标准，并于 1986 年和 1993 年先后分别调整了市镇设置的标准，市区非农业人口规模多以 10 万人为标准（实际操作中存在边缘地区城市、特殊功能类型城市人口较低的情况，但数量、比例均不高）。例如，1993 年关于设立县级市的标准中采用的指标为：每平方千米人口密度 100 ~ 400 人的县，县人民政府驻地镇从事非农产业的人口数量需达到 10 万；每平方千米人口密度低于 100 人的县，县总人口中从事非农产业的人口不低于 20%，并不少于 10 万。随着 2016 年 4 月《国家新型城镇化报告》发布，当前我国很多特大镇具备城市的体量与特征，国家正加快出台设市标准，我国目前 10

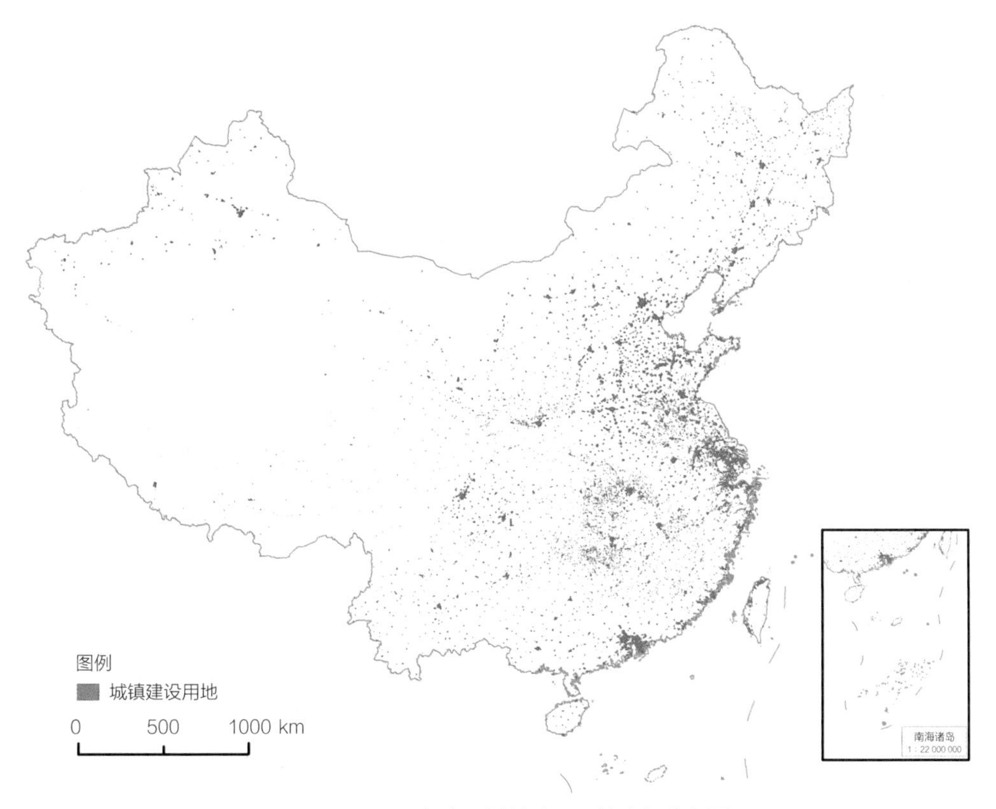


图 2-1　2015 年全国城镇建设用地空间分布图

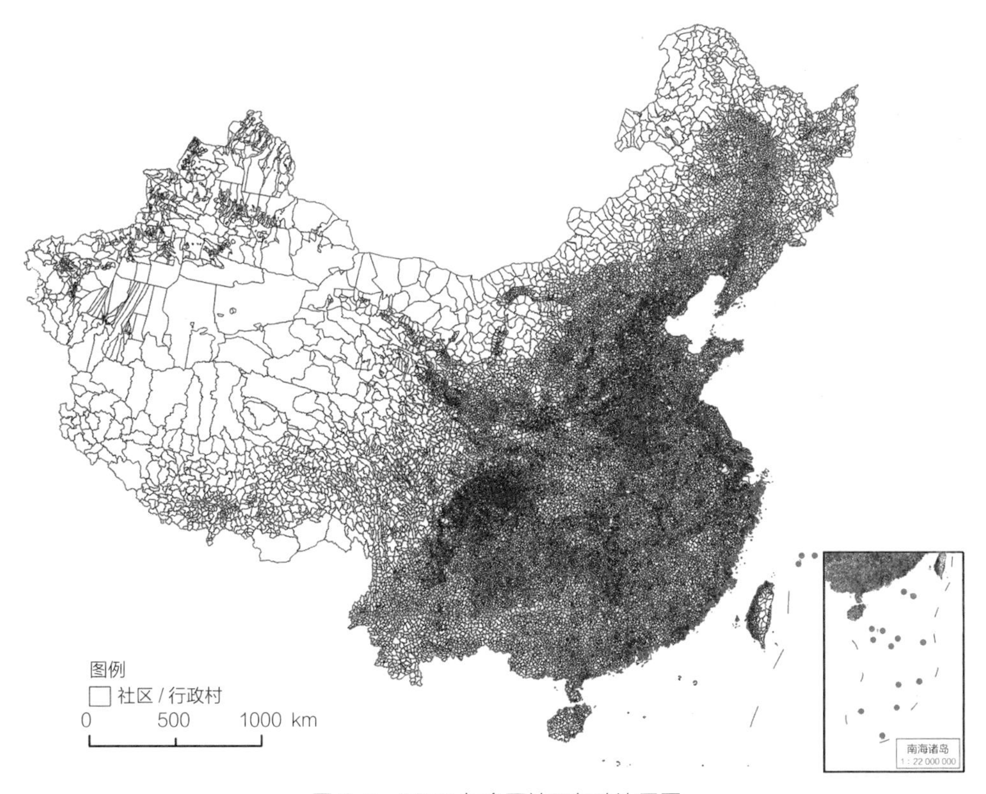


图 2-2　2015 年全国社区行政边界图

万人口的特大镇或升级为市。此外，小城市的人均建设用地通常大于 100m$^2$。研究考虑到实体地域界定结果会用来讨论我国现行设市状况，如果口径相差太大则无助于探讨成效。因而，研究以 10km$^2$ 为界定标准，作为实体地域城市数量比较分析的主要依据。在反复测试以及与实际情况对比后，最终确定的阈值为：①实体地域候选区的识别标准为社区内城镇建设用地占比达 40% 以上；②实体地域城市的定义标准为连片的实体地域候选区总面积≥ 10km$^2$（图 2–3）。

### 2.3.3 识别结果

通过上述方法识别的我国实体地域城市共有 1227 个，总面积 60535km$^2$。从总体数量和面积来看，实体地域城市的数量比行政地域城市多了 86.2%（行政地域城市为 659 个），但面积仅为行政城市的 7.74%（行政地域城市总面积为 78184km$^2$）。从空间分布来看，实体地域城市在全国的分布主要集中在最重要的三个城市群：京津冀、长三角和珠三角城市群（图 2–4）。这三个城市群中的实体地域城市数量分别为 93、113 和 27 个，总面积分别为 5893、7508 和 4816km$^2$，三个城市群的面积之和为 18217km$^2$，占全国实体地域城市总面积的 31.1%。此外，我国东部和中部地区的实体地域城市较多，但在西部地区西藏、青海、甘肃以及新疆的大部分地区分布较少。对比实体地域城市边界与现行行政区划中的市（辖）区（灰色区域，即行政城市），我国行政地域城市规模明显偏大，部分行政地域城市包含两个或以上实体地域城市。从单个城市规模来看，我国实体地域城市中面积最大的为 3443km$^2$，位于珠三角，横跨广州、东莞、佛山等市，规模排名次之的实体地域城市面积为 1420km$^2$，位于北京市行政范围内，规模排在第三的实体地域城市位于上海市行政范围内，面积达到 961km$^2$。

为了进一步对比实体地域城市和行政地域城市的特征要素，我们利用自然间断点分级法（Natural Jenks）分别将实体地域城市和行政地域城市划分为五个等级，并将城市多边形转化为点来进行更直观的可视化表达（图 2–5（a）(b)）。对比结果显示，实体地域城市中位于一级和二级的城市数量较少，主要位于北京、上海、广州，这验证了我国特大城市的集聚效应。而行政地域城市位于一级和二级的城市中，重庆、天津、新疆部分城市、内蒙古部分城市、黑龙江部分城市和青海部分城市的实体地域城市面积较小。此外，现状行政地域城市中，第三级城市分布广泛，包含我国中部、西北和西南地区，例如甘肃、宁夏、陕西、湖北和四川的许多城市，而实体地域城市中第三级数量较少且主要为位于华北地区和中部地区的省会城市。我国中部和西部的较多实体地域城市位于第四级和第五级，表明我国中西部地区城市的集聚效应较弱，尽管行政地域城市规模与东部城市相差不多，但实体地域城市发展还比较落后。如图 2–5（c）所示，以成都、石家庄、临汾和河池四个城市为例展示了行政地域城

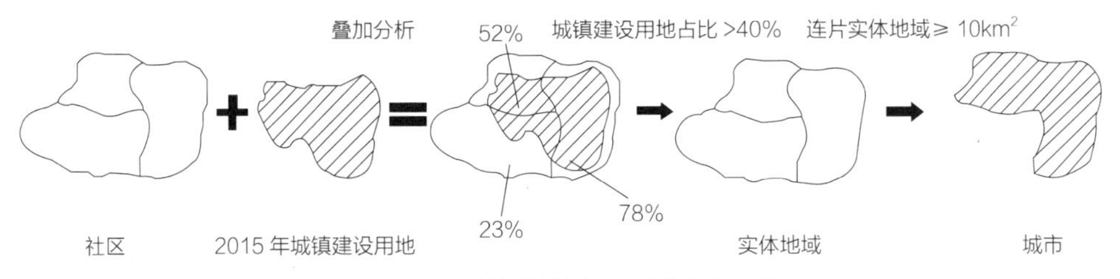


图 2-3 实体地域城市识别基本流程图

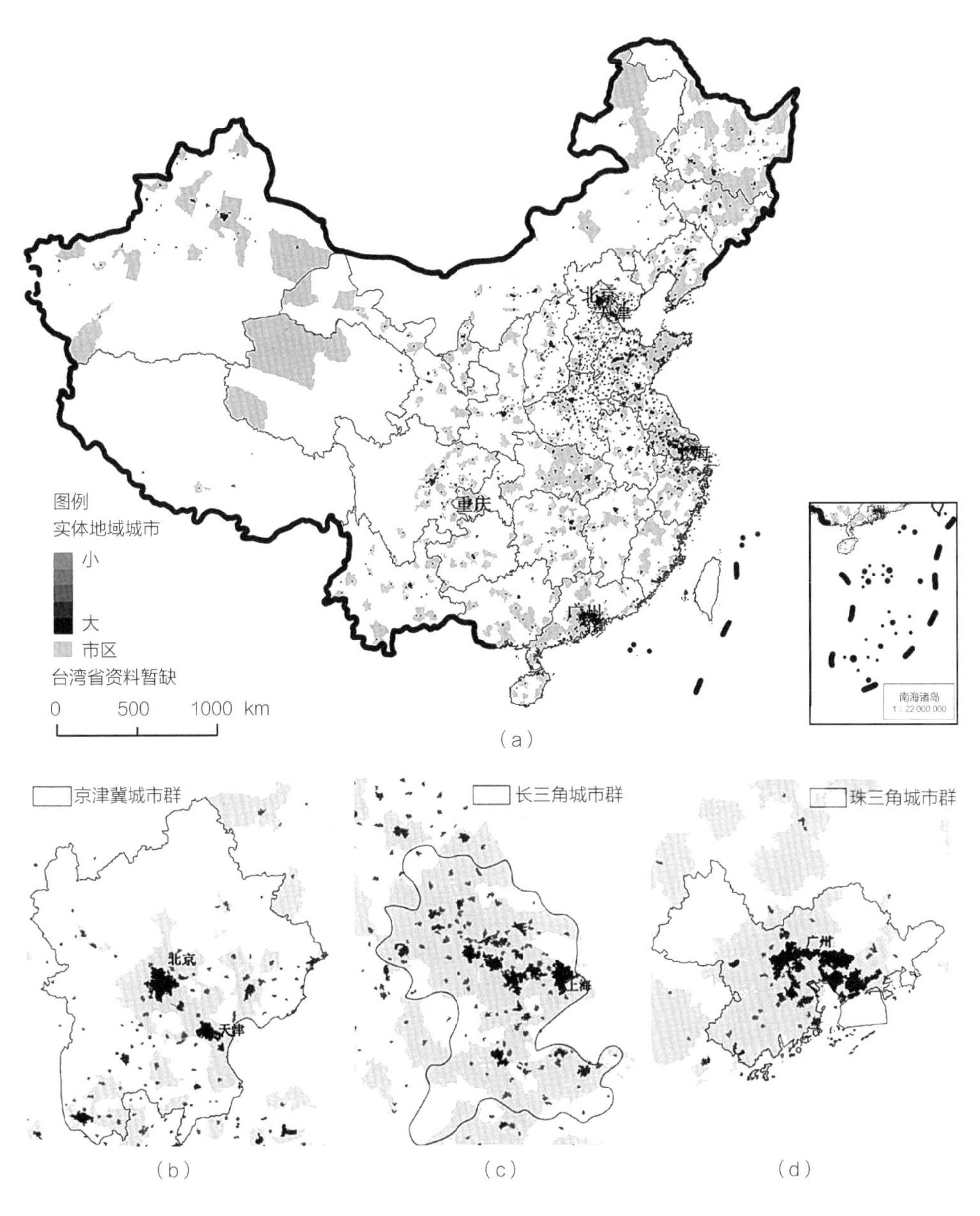


图 2-4 实体地域城市分布图

(a)全国实体地域城市;(b)京津冀城市群内实体地域城市;(c)长三角城市群内实体地域城市;(d)珠三角城市群内实体地域城市

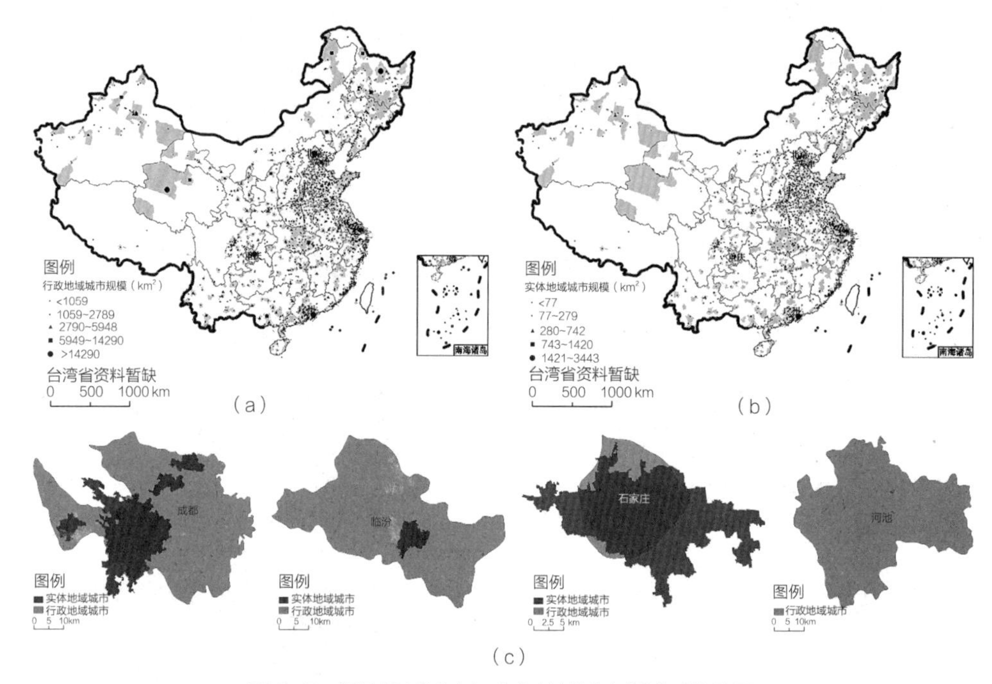


图 2-5　行政地域城市与实体地域城市规模对比结果

（a）全国行政地域城市的规模；（b）全国实体地域城市的规模；（c）成都、临汾、石家庄和河池四个城市的行政地域城市与实体地域城市的规模差异（河池的实体地域城市数量为零）

市与实体地域城市规模的差异。

通过齐普夫定律（Zipf's Law）对实体地域城市和行政地域城市的规模和排名取双对数进行对比，实体地域城市的 $R^2$ 为 0.99，比起行政城市的 $R^2$ 多了 0.18 左右，表明从实体地域视角定义城市更满足齐普夫定律，也从另一个方面证实了本章方法的可靠性和用实体地域界定城市的重要意义。从图 2-6 还可以发现，对大部分实体地域城市，尤其是排名 600 以后的城市，城市规模和排名吻合程度较好，而对于行政地域城市，排名较后的行政地域城市出现了规模上的骤减。

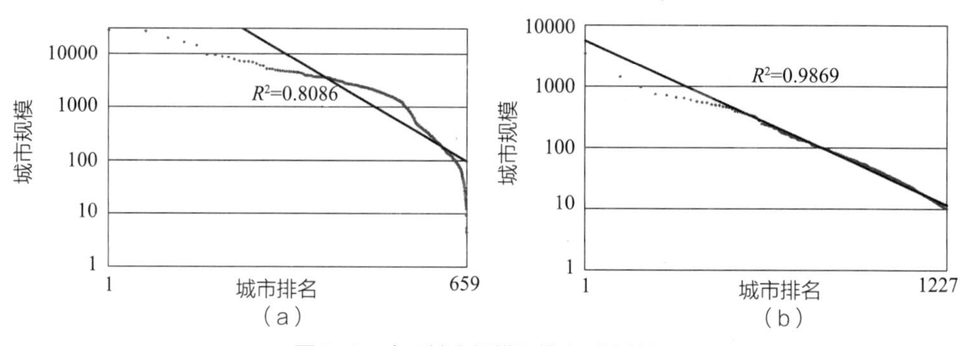


图 2-6　全国城市规模和排名对比结果

（a）行政地域城市的排名——规模分布（双对数坐标）；

（b）实体地域城市的排名——规模分布（双对数坐标）

对我国实体地域城市的识别，对比其与行政地域城市边界的差别，是提出空间规划、行政范围修改等政策建议的基础。从实体地域城市来看，1227个实体地域城市中有747个坐落在行政地域城市的边界内，而剩余的480个实体地域城市不包含在任何一个行政地域城市内，这些城市总面积约9820km$^2$，占全部实体地域城市总面积的16.2%。这些不包含在行政地域城市内的实体地域城市在全国均有分布，其中河北、陕西、山东、河南、浙江、福建等省份居多，西部地区中，云南、新疆、甘肃以及重庆东部居多。这些地域在我国的各项统计工作中很容易被忽视，在城市规划和城市管理决策中也往往缺乏考虑。对他们加以识别，同时也为衡量我国中小城市发展水平，明确中小城市发展阶段及其对城镇化贡献打下了重要基础。

## 2.4 功能地域城市的识别

类似的，在这一节中我们将提供一个研究案例，针对我国的功能地域城市进行识别和对比分析（Ma，Long，2020）。

### 2.4.1 数据准备

功能地域城市是城市经济、社会等功能视角下的城市单元，其往往由城市核心区和相邻的且与核心区有密切社会经济联系的地域组成。在功能地域城市的识别中，我们充分挖掘了互联网大数据在城市识别中的应用。城市内部的社会经济联系十分复杂，很难通过单一的指标来度量，但这些联系往往伴随着人的流动，而较为容易获取的交通出行数据将成为识别功能地域城市的突破口。以往研究发现，我国所有的情景模拟的出行选择中，网约车服务的出行比例占5.5%，比传统的出租车服务高1.7%。此外，地铁和公交信息并不能直接反映城市之间的社会经济互动，因为没有长距离的、跨市域的城际地铁，而公交或者客运车也仅有特定的时段才有。因此利用网约车出行数据作为识别城市功能地域的基础数据有足够的代表性。滴滴网约车出行App平台上，全国每天会产生超过2000万条行程订单，是国内最大的网约车公司，也是世界最大的网约车服务平台之一。每一条订单数据详细记录了接送乘客的起讫点（出发乡镇街道办事处O和到达街道办事处D），为识别功能地域城市提供了详实的数据支持。此外，基于大规模出行数据的研究打破了传统研究的制约：首先，以往的中国城市功能地域研究常常是局限于少量城市的典型案例研究，而滴滴出行数据几乎覆盖中国所有城市，海量数据足以支撑精细化尺度下研究中国城市系统，实现全国范围内的功能地域城市的相关研究和讨论；其次，中国的出租车市场长期以来受到（行政）地域性的运营管制（如即便北京一地，也包含中心城、各个区县的分市场），而网约车则不受其影响。

研究搜集了2016年8月24~26日连续三天（周三~周五）的用户出行数据，覆盖全国所有城市53572个乡镇街道办事处单元共计43846160次出行，其中624个行政地域城市的市辖区均有该公司的出行记录。基于某网约车出行数据的全国主要城市交通流量如图2–7所示。

在识别功能地域城市中，笔者利用各种开放数据整理了全国乡镇街道办事处边界，包含全国39007个乡镇街道办事处单元（不包括港澳台地区），作为识别我国城市功能地域的基本单位，结果如图2–8所示。

### 2.4.2 识别方法

一般来说，功能地域城市由人口密集的核心区和人口较少、但与核心区在社会经济上密切联系的邻近外围区组成。基于网约车出行大数据，本节提出了一个直接的识别功能地域的方法，包括确定核心区域以及外围区域（图2–9）。

核心区为城市建成区集中的区域或出行密度较高的区域，其阈值设定为乡镇街道办事处内，城市建成区面积占乡镇街道办事处总面积的40%及以上（Ma和Long，2019）或者街道办事处内总出行密度大于等于100次/$km^2$。

外围区域通过总跨城出行次数指标评价，其阈值设定为乡镇街道办事处内通勤时段总跨城出行次数占通勤时段总出行次数的15%及以上且通勤时段出行次数大于等于10次。

### 2.4.3 识别结果

采用上述方法在全国范围内共识别出308个功能地域城市，覆盖4456个乡镇街道办事处。总体来说，功能地域城市的分布与我国土地城镇化的进程和现状类似（参考全国2015年城镇建设用地分布）。全国规模排名前十的功能地域城市见表2–1，其中广州—深圳、北京—廊坊和上海—苏州（仅用行政等级最高的两个城市命名）是我国最大的三个功能地域城市，分别位于我国最发达的三个城市群：珠江三角洲城市群、京津冀城市群和长江三角洲城市群（图2–10）。

在珠江三角洲城市群，广州—深圳功能地域城市涵盖了八个行政地域城市的部分区域：广州、深圳、佛山、惠州、中山、东莞、惠州和增城，占珠江三角洲城市群总面积的80.7%。珠江三角洲城市群内，仅有另外两个独立的功能地域城市，分别位于珠海和从化周边。在京津冀城市群，识别出的功能地域城市包含566个乡镇街道办事处，总面积为21580.9$km^2$。其中，最完整的功能地域城市是北京—廊坊，包含264个乡镇街道办事处，总面积达10882.7$km^2$，占整个城市群总功能地域城市面积的50.4%。京津冀城市群中的其他功能地域城市位于天津、唐山和石家庄周边。在长江三角洲城市群，833个乡镇街道办事处共38026.8$km^2$被识别为功能地域城

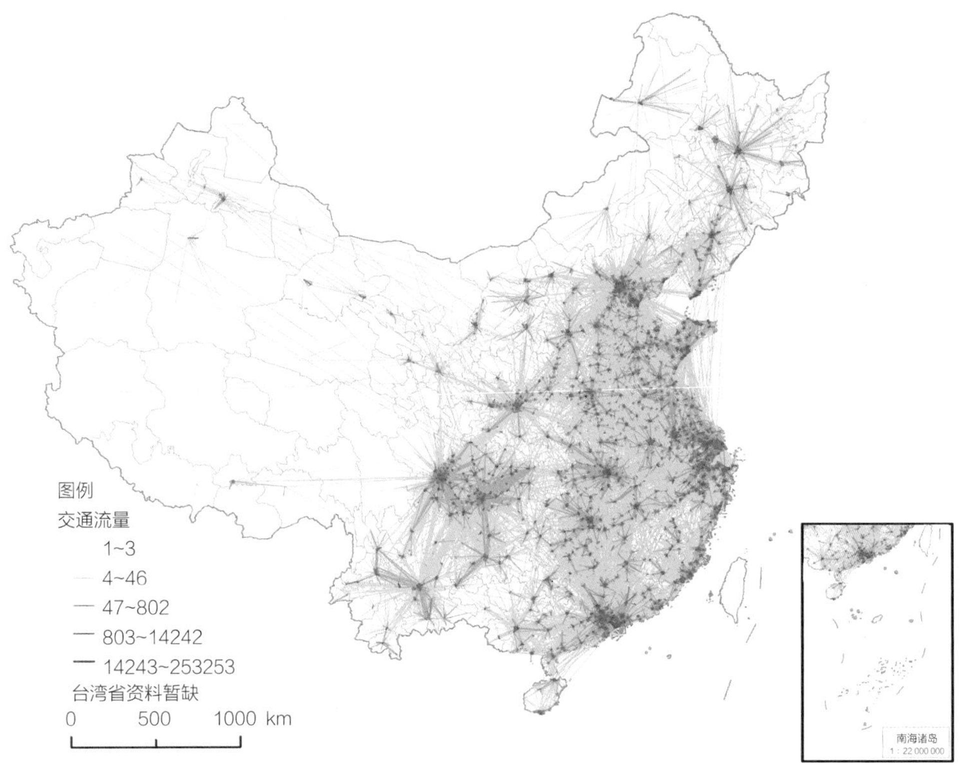


图 2-7 基于某网约车出行数据的全国主要城市交通流量图

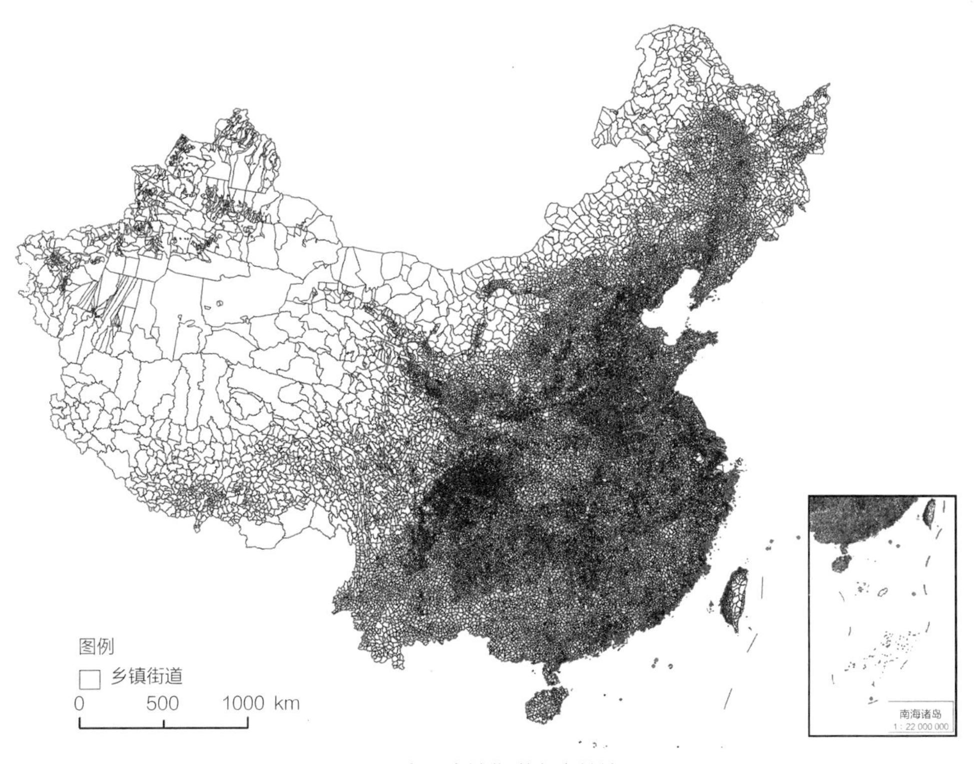


图 2-8 全国乡镇街道办事处边界图

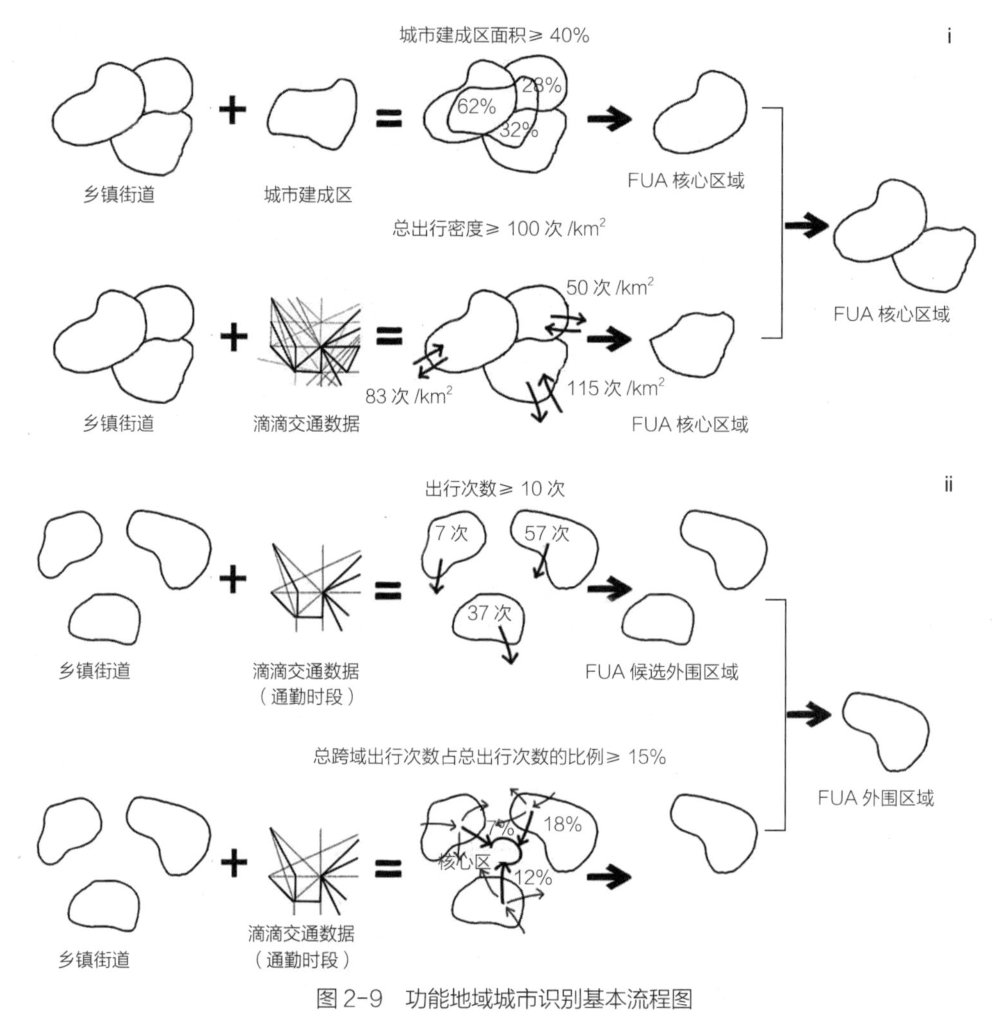


图 2-9　功能地域城市识别基本流程图

全国规模排名前十的功能地域城市　　表 2-1

| 功能地域城市 | 面积（$km^2$） | 乡镇街道办事处数（个） |
|---|---|---|
| 广州—深圳 | 13716.6 | 206 |
| 北京—廊坊 | 10882.7 | 264 |
| 上海—苏州 | 9626.8 | 265 |
| 成都—德阳 | 7323.8 | 214 |
| 杭州—绍兴 | 6377.9 | 146 |
| 武汉 | 5045.1 | 39 |
| 重庆 | 4920.7 | 62 |
| 南京 | 4481.7 | 88 |
| 天津 | 4331.9 | 133 |
| 西安—咸阳 | 4005.9 | 91 |

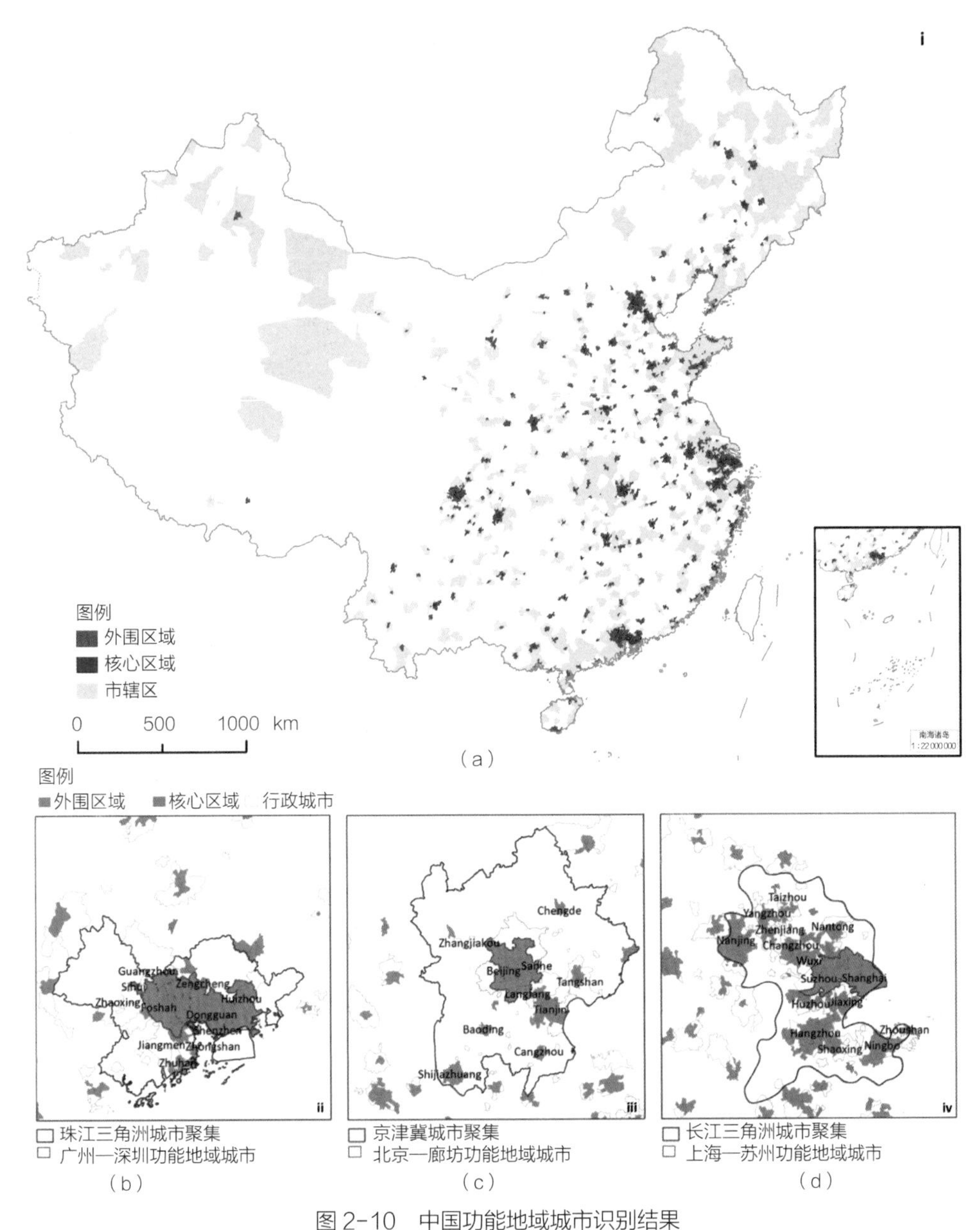


图 2-10 中国功能地域城市识别结果

（a）中国功能地域城市；（b）广州—深圳的功能地域城市及珠江三角洲城市群的功能地域城市；
（c）北京—廊坊的功能地域城市及京津冀城市群的城市功能地域；
（d）上海—苏州的功能地域城市及长江三角洲的城市功能地域

市。其中，上海—苏州功能地域城市占城市群内功能地域城市总面积的 25.3%，是识别出的最大城市。城市群内另外一个面积较大的是杭州—绍兴功能地域城市，是全国排名前十的功能地域城市之一，包含了杭州、绍兴和其他三个县级市：海宁、临安和阜阳，占长江三角洲城市群功能地域城市面积的 25.3%。长江三角洲城市群内其他规模较大的功能地域城市分别位于南京、宁波和嘉兴周边，面积为 5052.3、3137.1 和 1899.2km$^2$。

通过齐普夫定律对功能地域城市和行政地域城市的规模和排名取双对数进行对比，功能地域城市的 $R^2$ 为 0.8735，比起行政地域城市的 $R^2$ 高了近 0.06，表明从功能地域视角定义城市更能满足齐普夫定律，也从另一个角度证实了功能地域城市识别的意义和方法的有效性。从图 2-11 还可以发现，对大部分功能地域城市，尤其是中等规模城市，城市规模和排名吻合程度较好，而对于行政地域城市，排名较后的行政地域城市出现了规模上的骤减。

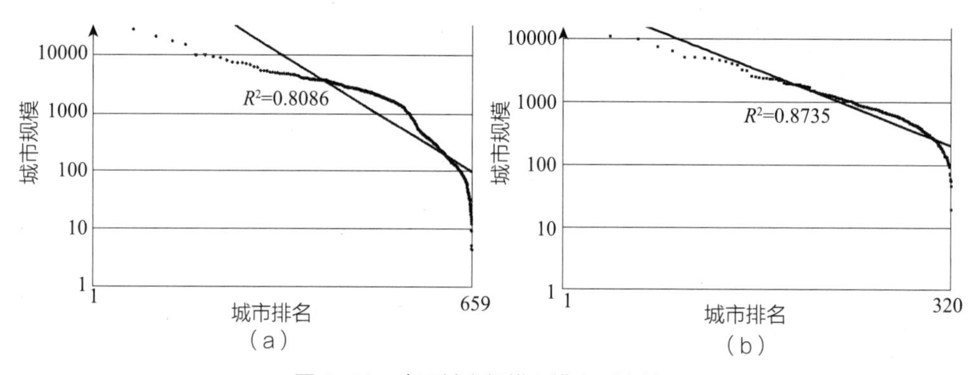


图 2-11 全国城市规模和排名对比结果

（a）行政地域城市的排名—规模分布（双对数坐标）；（b）功能地域城市的排名—规模分布（双对数坐标）

长期以来，中国的城市不是严格的城市的概念，我国的行政城市既包括城市也包括乡村。识别城市功能地域为理解我国城市系统提供了一个新的视角，并且在以下两方面有着重要的应用意义：第一，对比我国城市行政地域与功能地域，提出空间规划、行政范围修改的政策建议；第二，依据全国城市功能地域分布，评价我国城市群发育质量，评估未来区域发展方向。

## 2.5 本章小结

这一章，我们就城市的定义展开了讨论，提出了不同视角下城市的内涵和界定方法。在城市规划与城市研究等领域，目前普遍认为存在三种不同的城市界定视角，分别为基于行政管理视角的行政地域城市，基于空间布局视角的实体地域城市和基于社会经济视角的功能地域城市。其中，行政地域城市在以往的规划与城市研究中被广泛应用，但随着城市的高速发展，传统的城市定义逐渐显露出弊端。与此同时，城市大数据的兴起和空间分析方法的发展为识别实体地域城市和功能地域城市提供了契机，本章内容也针对这两种城市的定义展开了深入的探讨。在充分阐述识别实体地域城市和功能地域城市的必要性和意义的基础上，本章采用案例研究的方式讲述了实体地域城市与功能地域城市的识别方法，并对全国范围内的城市分别从实体地域和功能地域两个视角进行识别。

就实体地域城市而言，研究在全国2015年城镇建设用地的基础上，以全国社区边界为基本单元，实现了以原有行政单位为基础，保证行政单元完整性的前提下的简单可行的全国范围内实体地域城市的识别方法。研究共识别出全国1227个城市，总面积达到60535km$^2$，其中不包含实体地域城市的行政地域城市共122个，以县级市为主。全国有10个城市包含5个以上实体地域城市，分别为：重庆（16个）、北京（12个）、苏州（9个）、常州（7个）、上海（7个）、天津（6个）、武汉（6个）、枣庄（6个）、汕头（6个）和佛山（6个）。研究还发现，我国有大量具有足够规模的城镇建设用地不在行政地域城市定义的范围内，其总面积达到9820km$^2$，占所有实体地域城市的16.2%。对全国实体地域城市进行识别，有助于在新型城镇化背景下了解我国城镇化水平，同时为与城市有关的研究明确了界限，也为我国城市规划和管理决策提供依据。

就功能地域而言，案例研究利用覆盖全国城市的居民出行大数据（乡镇街道办事处尺度），建立与国际接轨的符合我国城镇化发展要求的中国城市功能地域识别的理论框架与界定标准。研究利用43846160次滴滴出行公司网约车出行记录识别城市功能地域。在全国39007个乡镇街道办事处中，城市功能地域覆盖4456个乡镇街道办事处，共包含308个城市功能地域。研究显示，中国规模最大的城市功能地域为广州—深圳、北京—廊坊、上海—苏州、成都—德阳、杭州—绍兴、武汉、重庆、南京、天津和西安—咸阳，从城市功能地域角度代表中国城市发展最为集中的地区。珠江三角洲城市群内的城市功能地域是长江三角洲城市群、珠江三角洲城市群和京津冀城市群中最为完整的。京津冀城市群中，共有566个乡镇街道办事处共21580.9km$^2$被识别为城市功能地域，长江三角洲城市群，城市功能地域共占38026.8km$^2$。此外，我国的行政地域城市边界与功能地域城市边界的差别较大，可以依据城市功能地域范围制定城市规划和管理的边界以及适当修改行政边界。就城市群发育质量而言，我国东南沿海的城市群比起中部和西部城市群有较好的发育质量。天山北坡城市群、酒嘉玉城市群和黔中城市群内的城市功能地域占比分别为2.3%、2.4%和2.8%，为所有城市群中发育最低的。对功能地域城市的识别将拓展和深化城市空间结构的基础理论研究，并为新型城镇化背景下城乡规划与城市管理提供决策支持依据。

## 参考文献

[1] Long，Y. Redefining Chinese city system with emerging new data[J]. Applied Geography，2016，75：36-48.

[2] Ma，S.，Long，Y.Functional urban area delineations of cities on the Chinese mainland using massive

Didi ride-hailing records[J]. Cities，2020，97，102532.

[3] 胡序威 . 致规划界的一封公开信 [EB/OL].“十三五”规划编制中应避免进入的认识误区 .（2015-12-01）.http：//www.planning.org.cn/news/view?id=3410.

[4] 龙瀛，吴康 . 中国城市化的几个现实问题：空间扩张、人口收缩、低密度人类活动与城市范围界定 [J]. 城市规划学刊，2016，3（2）：8-14.

[5] 马爽，龙瀛 . 中国城市实体地域识别：社区尺度的探索 [J]. 城市与区域规划研究，2019，11（1）：37-50.

[6] 周一星 . 关于明确我国城镇概念和城镇人口统计口径的建议 [J]. 城市规划，1986（3）：10-15.

[7] 周一星，史育龙 . 建立中国城市的实体地域概念 [J]. 地理学报，1995，7（4）：289-301.

[8] 周一星，于海波 . 中国城市人口规模结构的重构（一）[J]. 城市规划，2005（6）：49-55.

[9] 周一星 . 城市规划的第一科学问题是基本概念的正确性 [J]. 城市规划学刊，2006（1）：1-5.

[10] 周一星 . 城市地理求索 [M]. 深圳：商务印书馆，2010.

[11] 周一星 . 城市规划寻路 [M]. 深圳：商务印书馆，2013.

# 第3章

# 模型基础数据

306
20
159
308
181
153
104
157
158
106
213
210
209
325
345
117
322
316
351
118
321
93
352
349
144
75
122
113
319
317
96
99
229
355
185
184
61
233
60

## 3.1 传统数据与新数据环境

以往城市模型建立在传统数据的基础上。传统的城市模型数据主要有土地利用数据、经济产业数据、人口构成数据、交通出行数据、三维空间数据、政策数据等。数据来源主要为调查访谈、统计、遥感及测绘等。受限于来源的传统数据体现出数据量较少、数据的时空粒度较大、受统计单元限制等特征。

近年来，随着信息通信技术（Information and Communication Technology，ICT）和物联网技术（Internet of Things，IoTs）的发展，智能终端、频射识别（Radio Frequency Identification，RFID）、无线传感器等装置产生的数据量与日俱增。与此同时，随着城市经济社会活动对互联网的依赖性不断加强，各类网络平台（主题网站、社交网站、搜索引擎等）也在产生着大量数据信息，这种大量（Volume）、高速（Velocity）、多样（Variety）的具有价值（Value）和真实性（Veracity）的大数据正在日益成为城市模型的关注热点。此外，各种政府、商业开放平台、社会组织和志愿地理信息项目（Volunteer Geographic Information，VGI）所共享的数据也在扩充着城市研究者的数据基础。这三类数据共同形成了有别于传统调研和统计数据的新数据环境（New Data Environment）（龙瀛，刘伦，2017）。城市空间新数据则产生于新数据环境，是带有地理信息的反映城市空间或城市生活特征的数据。与传统数据相比，城市空间新数据主要呈现出“数据体量大、类别多、更多元、覆盖广、更新更快、精度更高、更以人为本”等特点（表 3-1）。当前不断涌现的多元、海量、快速更新的城市数据为研究精细的时空尺度下的城市形态对人类活动的影响提供了广阔的研究前景。特别是那些高频时变的城市数据，如手机信令数据、基于位置服务（Location-based Service，LBS）的数据等，提供了一种接近真实城市运行频率的高频视角（沈尧，2019），也为传统的城市模型提供了新的机遇。精细化的城市模型（动态的、基于离散动力学的、微观的、“自下而上”的城市空间模型）将成为未来的研究热点（刘伦，等，2014）。

城市空间新数据与传统数据的比较　　表 3-1

| 比较维度 | 城市空间新数据 | | 传统数据 | |
|---|---|---|---|---|
| 数据体量 | 数据体量大 | 大数据、开放数据等数据量较大 | 数据体量较小 | 主要为统计类数据，数据量较小 |
| 数据类别 | 数据类别多 | 包括建成环境数据和行为活动数据，类型较多 | 数据类别较少 | 多为建成环境数据 |
| 数据来源 | 更多元 | 除政府外，企业、开放组织、社交网站、智慧设施等都是数据的来源 | 来源有限 | 多为政府或遥感测绘、调查访谈数据 |
| 数据空间尺度 | 数据尺度覆盖更广 | 包括城市、地块、街道、建筑等多尺度 | 受行政区域限制 | 如行政市、街道办事处等 |
| 数据时间尺度 | 更新快、时效性强 | 每月、每日、甚至每分钟更新 | 统计时间较长 | 年度数据、季度数据、月度数据 |
| 数据精度 | 精度更高 | 以单个的人或设施为基本单元 | 精度较低 | 以团体单元为主 |
| 数据价值 | 以人为本 | 除建成环境数据以外还包括人群行为、移动、交流、评价等人本视角数据 | 以地为本 | 基于建成环境的空间属性数据为主 |

资料来源：作者自绘

城市数据作为城市模型的输入变量，其内涵及精度将影响城市模型输出（预测结果）的精度和准确性。本章将详细描述城市模型所用的数据分类及特征，并介绍常用的数据类型及典型数据来源。

## 3.2 模型基础数据分类

### 3.2.1 建成环境数据及非建成环境数据

城市模型关注建成环境要素。所谓建成环境（Built Environment）是指为人类活动提供场所的人造环境，其规模从建筑物到城市。因此，本书将城市模型所用的数据分为建成环境数据及非建成环境数据。前者反映的是客观建成环境要素如建筑、道路、地块等要素的属性，后者反映的是建成环境上所承载的社会经济活动如人口构成、产业经济、交通出行、政策条件、综合能耗、水耗、污染物排放等的情况以及客观的气象数据等。由于本书中的城市模型界定为城市空间发展模型（Urban Spatial Development Model），因此书中涉及的城市模型数据都是具有地理空间信息的城市空间数据，并且强调数据的时间刻度。具有不同时间刻度的基础数据反映出建成环境及非建成环境不同时段的特征。

建成环境的基础数据主要有建筑物数据、道路 / 街道数据、街区 / 地块数据，其属性包括边界、功能及形态。数据来源通常为统计、测绘、土地利用图（现状 / 规划）、高分遥感影像、街景图像、兴趣点（Point of Interest，POI）等（表 3–2）。

非建成环境的基础数据主要包括人口构成及其活动（包括产业经济、交通出行、居住就业、医疗教育、休闲娱乐等）、政策条件等（表 3–3）。此外，非建成环境数据还包括综合能耗、水耗、污染物排放等经济社会活动相关的数据以及客观的气象数据（温度、湿度、风向、风力、日照情况、大气污染物）等。

建成环境的基础数据　　表 3–2

| 测度维度 | 数据来源 | 区域 / 城市 / 片区 / 乡镇街道办事处 | 街区 / 地块 | 道路 / 街道 | 建筑 |
|---|---|---|---|---|---|
| 边界 | 高分遥感影像、用地现状图 / 规划图、土地利用图（国土）、房地产数据、数字地图等 | 城市增长边界、城市功能结构片区划分 | 地块边界 | 道路边界 | 建筑外轮廓 |
| 土地利用与功能业态 | 高分遥感影像、兴趣点、用地现状 / 规划图、土地利用图（国土）、街景图像 | 城市功能结构片区划分、各类功能总量及比例、各种公共服务覆盖率及布局 | 主导 / 各类用地性质（如居住、公共设施、工业、仓储、道路广场、绿地等）及功能（如居住、办公、商业娱乐、文化体育、医疗卫生、教育等）、各种功能密度 | 道路等级、限速、主要功能 | 功能，综合体内业态构成 |
| 形态 | 高分遥感影像、土地出让 / 规划许可、数字地图、街景图像、统计资料 | 面积、路网密度、基于空间句法的道路整合度和选择度 | 面积、可计算建设强度（根据建筑物数据计算，包括容积率、建设密度等） | 长度、宽度、沿街建筑高度、长度，可计算街道相关指数（宽高比、天空开阔度、连续度）等 | 底面积、层数、层高、建筑高度 |

资料来源：作者自绘

非建成环境的基础数据 表 3-3

| 主要测度维度 | 数据类型 | 数据来源 | 举例 |
| --- | --- | --- | --- |
| 人口构成及其活动 | 人口构成 | 统计资料、调查访谈、手机信令、LBS 数据 | 人数、性别结构、年龄结构、家庭构成、职业结构、教育构成、收入构成等 |
| | 产业经济 | 统计资料、调查访谈、网上消费及住房数据、夜光影像数据 | 产业规模、服务规模、收入情况、可就业人数等 |
| | 交通出行 | 居民出行调查、全球定位系统（GPS）、公交智能卡刷卡数据、手机信令、LBS 数据、路网数据 | 区域尺度的不同出行方式的截面流量、频次、路径选择特征，个体尺度的选择交通工具的比例、出行时间、距离及目的，以及基于空间句法的道路整合度和选择度等 |
| | 居住就业、医疗教育、休闲娱乐 | 统计资料、调查访谈、手机信令、LBS 数据 | 时间、地点、频次、距离等 |
| 政策条件 | 经济政策 | 各级政府相关部门文件 | 住房政策、产业布局政策、消费引导政策、收入分配政策 |
| | 交通政策 | | 购车政策、出行政策、交通法规 |
| | 土地政策 | | 地权政策、土地金融政策、土地赋税政策、法定规划、住房与城乡建设管理政策 |

资料来源：作者自绘

### 3.2.2 不同时空粒度的数据

数据的时空粒度将直接影响城市模型的精度，不同尺度的城市模型所需要的数据精度也不一样。传统的城市模型在更长的时间范围内以较低的频率发展和变化。随着新数据环境的产生，以人为本、大范围高精度、动态连续的高频变化的城市数据为城市模型提供了新的契机。按时空粒度将城市模型数据分类可以分为高时间粒度—高空间粒度、高时间粒度—低空间粒度、低时间粒度—高空间粒度、低时间粒度—低空间粒度四类（表 3-4）。

### 3.2.3 点数据、线数据与面数据

数据的空间形态特征与城市模型的分析单元息息相关，因此也是城市模型关注的重点。根据数据的空间形态特征可将数据分为点数据、线数据及面数据三类，三类数据可以借助其他数据源如地块数据、道路路网数据等根据模型的分析单元（Analytic Unit）转换，为不同研究尺度的城市模型研究提供数据支撑（表 3-5）。

不同时空粒度的数据　　表 3-4

| 数据时空粒度 | 典型数据 |
| --- | --- |
| 高时间粒度—高空间粒度 | GPS 轨迹数据、LBS 数据、网上消费数据 |
| 高时间粒度—低空间粒度 | 手机信令数据、公交智能卡刷卡数据 |
| 低时间粒度—高空间粒度 | 高分遥感影像数据、数字高程模型数据、街景图像数据、开放地图数据（包括建筑、道路、地块、POI）、测绘地图、调查访谈数据 |
| 低时间粒度—低空间粒度 | 社会经济统计年鉴、政策、用地现状 / 规划图、土地出让 / 规划许可、区域 / 城市 / 片区 / 乡镇街道办事处行政边界 |

资料来源：作者自绘

点数据、线数据及面数据　　表 3-5

| 数据的空间形态 | 典型数据 |
| --- | --- |
| 点数据 | 居民调查数据、POI 数据、LBS 数据、建筑物数据、网上消费数据、公交智能卡刷卡数据 |
| 线数据 | 道路数据、GPS 轨迹数据、街景图像、居民出行数据 |
| 面数据 | 地块数据（功能及形态）、研究单元边界、交通分析区、社会经济统计数据、高分遥感影像数据、数字高程模型数据 |

资料来源：作者自绘

## 3.3 典型数据介绍

### 3.3.1 建成环境数据

城市模型关注微观尺度的地块功能构成、建设强度（建筑密度、容积率等）、设施布局，中观尺度的功能布局、职住平衡，以及宏观尺度的城市开发边界及区域协同发展。因此，城市模型关注建成环境的要素包括建筑、道路、地块的边界、功能、形态及三维地形条件等。

建成环境的数据来源主要包括传统的测绘、现状及规划用地图、统计数据、遥感影像、数字高程模型以及新兴的在线开放地图数据如 OpenStreetMap（OSM）、百度地图开放平台等的路网数据、地块数据、兴趣点数据、街景图片等。

（1）用地布局现状 / 规划图

城市用地布局现状 / 规划图反映的是城市内部各种功能用地在城市空间中的平面布局，可反映出各种功能用地的规模、边界、位置及功能组织关系。以“上海市城市总体规划（2017—2035 年）”为例，规划将城市用地类型划分为居住生活区、产业基地、产业社区、公共服务设施区、商业办公区、大型公园绿地、公用基础设施区、战略预留区、农林复合生态区、生态修复区、水域等。规划中完善多情景规划策略，调控人口与用地规模的匹配关系；建立空间留白机制，针对不可预期的重大事件和重大项目做好应对准备，提高空间的包容性。以机动指标预留的方式保障区域性重要通道、重大基础设施实施。结合市域功能布局调整，进行战略空间留白，明确对战略预留区的规划引导。同时，创新功能布局弹性模式，强化多中心网络化的空间发展格局，采用分布式、单元化空间布局[①]。

（2）土地利用数据

土地利用（覆盖）数据可以反映土地利用系统及土地利用要素的状态、特征、动态变化、分布特点，以及人类对土地的开发利用、治理改造、管理保护和土地利用规划等。土地利用数据的来源很多，例如全球土地调查（GLS）、气候变化倡议（CCI）土地覆盖（第2版）、OSM土地利用数据、MCD12Q1 0.5公里基于MODIS的全球陆地覆盖气候学、USGS—全球土地覆盖特征（GLCC）、全球30m地表覆盖数据（Globe Land 30）、联合国粮农组织全球土地覆盖网络（GLC-share）、土地覆盖类型每年L3全球0.05摄氏度、Terrapop等（OSGeo中国中心）。清华大学地学系俞乐课题组发布中国1980~2015逐年土地覆盖/土地利用数据集，该课题组使用中分辨率（250m）成像光谱仪（MODIS）数据集和低分辨率（8km）全球模拟与制图研究数据集（GIMMS），结合逐5年30m中国土地利用数据库（CLUD）和时间序列分析方法，得到1980~2015年逐年中国土地利用数据集（CLUD-A）（Xu，et al，2020）。这套数据集展示了我国近四十年来农田、森林、草地、水体等的时空动态过程，具备了与逐年统计数据相一致的更新频率（图3-1）。CLUD-A可以为城市发展模型、城市形态模型、土地利用模型等提供支持。

（3）数字高程模型（Digital Elevation Model，DEM）

数字高程模型属于一种连续表面的栅格制图表达，通常参考真实的地球表面，是描述包括高程在内的各种地貌因子，如坡度、坡向、坡度变化率等因子在内的线性和非线性组合的空间分布。此类数据的精度主要取决于分辨率（采样点之间的距离）。影响精度的其他因素包括在创建原始DEM时用到的数据类型（整型或浮点型）以及表面的实际采样情况。DEM数据可用于评估用地适宜性、计算建设成本、辅助设施选址和功能布局（图3-2）。

（4）高分遥感影像

遥感（Remote Sensing，RS），是利用一定的技术设备和系统，在远离被测目标的位置上对被测目标的电磁波特征进行测量、记录与分析的技术。根据遥感平台高度的不同，遥感可以分为近地面遥感、航空遥感和航天遥感。遥感影像由成千上万

---

① 上海市规划和自然资源局 . http：//ghzyj.sh.gov.cn/xxgk/ghjh/201801/t20180104_811864.html。

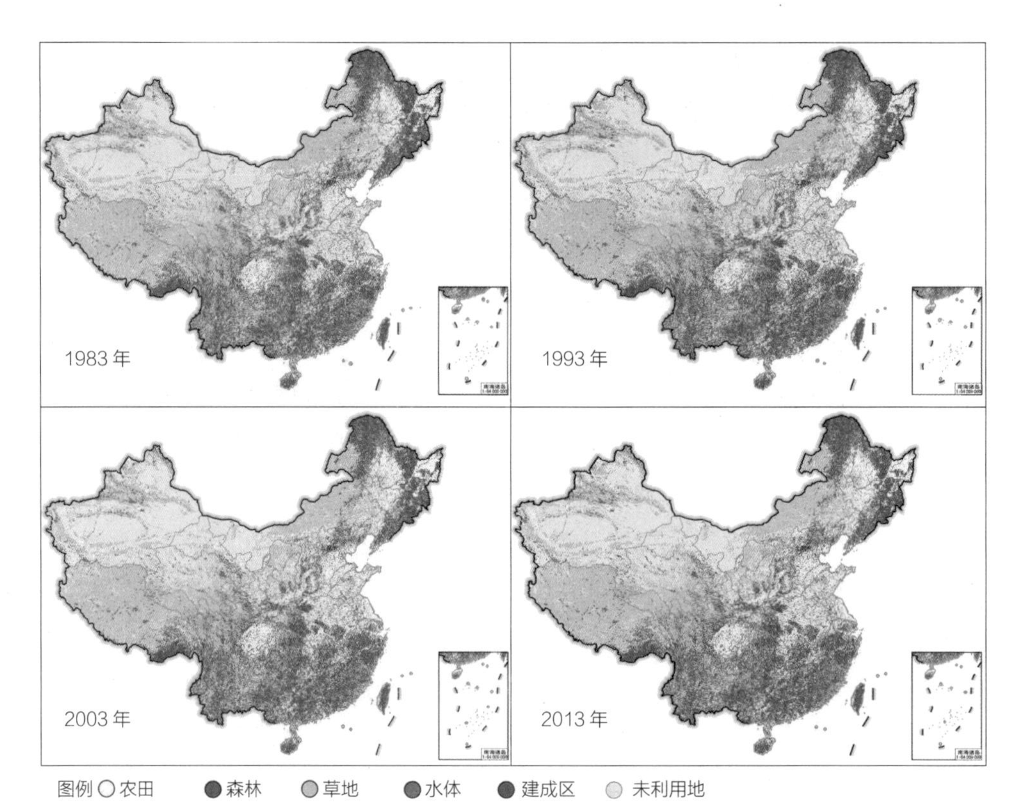


图 3-1 1980~2015 年中国土地覆盖 / 土地利用数据集（CLUD-A）
资料来源：Xu，et al，2020

的像元组成。像元是遥感影像上能够详细区分的最小单元。一个像元所代表的地面实际尺寸就是空间分辨率。该数值越小，分辨率就越高，影像显示地表信息细节的能力就越强。高分一号卫星是中国高分辨率对地观测系统的首发星，它突破了高空间分辨率、多光谱与宽覆盖相结合的光学遥感等关键技术[①]。其采集的高分遥感影像图像纹理清晰、层次分明、信息丰富。遥感影像的应用价值在于如何从中判别和提取需要的信息（图 3-3）。高分遥感影像上的建成环境和自然环境要素在城市模型中发挥着重要作用，通常用于一定时间跨度的对比研究、城区增长监测、评估城市经济水平等。如今，以计算机深度学习驱动的 AI 时代，高分遥感影像的精细识别与分类、信息提取及大数据化将有极大的提升空间。

（5）数字地图

数字地图数据具有丰富的空间信息，包括道路网、地块边界及信息、兴趣点等。可用来计算道路密度、道路交叉口密度、建筑物密度、街道长度及宽度、到核心功能区的距离等指标。本节以 OSM 为例进行介绍。OSM 是一个在线地图协作计划，目

① 数据来源于中国科学院计算机网络信息中心地理空间数据云平台（http：//www.gscloud.cn）。

标是创造一个能供所有人编辑的世界地图，该数据一般是由地图用户根据手持设备、航空影片以及对相关区域的熟悉等资料进行地图绘制和数据完善。OSM 数据以街道网络数据为主，如高速、主干道、自行车道、地铁等路网数据，同时还包括部分城市 POI 信息点和城市面状数据（工业区、住宅区等），该数据采用开放数据共享开放数据库许可协议授权，官网提供在线区域下载和镜像下载服务，可以通过 OSM 官网在线浏览全球数据（图 3-4）。

POI（Point of Interest，兴趣点）也是目前城市规划领域应用较广的数据类型，是在线地图服务平台的引擎，多对应政府部门、各行各业之商业机构（加油站、百货公司、超市、餐厅、酒店、便利商店、医院等）、旅游景点（公园、公共厕所等）、古迹名胜、交通设施（各式车站、停车场、超速照相机、速限标示）等场所。多个互联网公司如导航公司、在线地图等均提供兴趣点获取的 API，可通过其获取。可通过 POI 数据计算用地混合度、主要用地功能属性、功能密度等指标（图 3-5）。

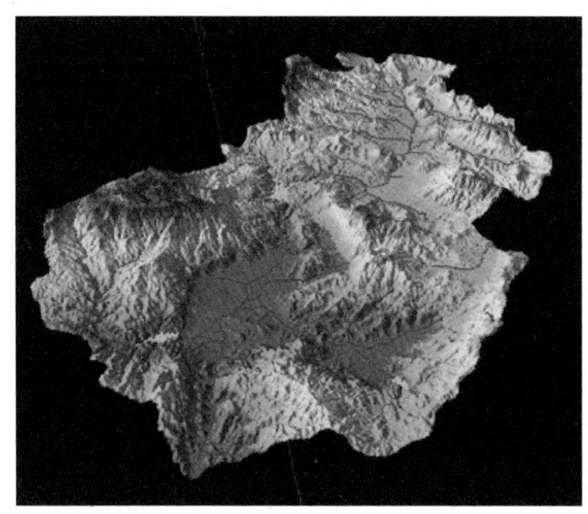

图 3-2　直观显示栅格 DEM 表面

资料来源：ArcGIS help

图 3-3　高分一号数据

资料来源：地理空间数据云样例数据

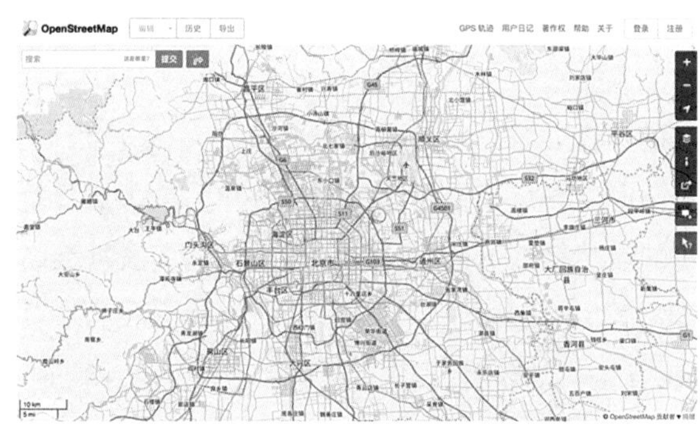


图 3-4　OSM 地图

资料来源：OpenStreetMap 官网截取

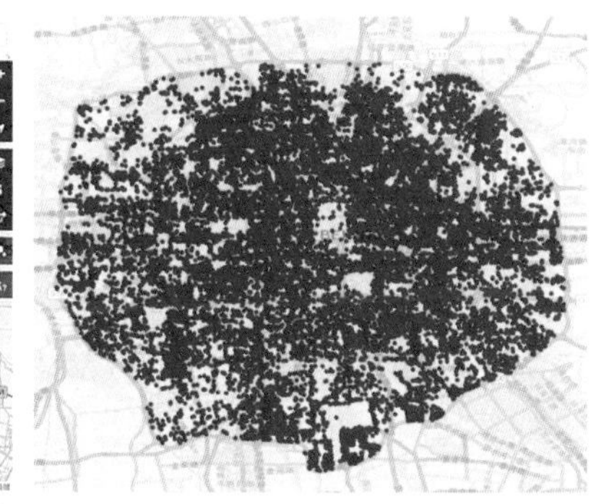

图 3-5　北京五环内公司企业 POI

资料来源：作者自绘

（6）街景图片

街景图片反映了客观的街道两侧的城市场景，为街道这种城市公共空间的调研和研究提供了较好的基础。该数据可通过人工审计的方法用来判断空间品质，或者通过图像目标识别的方法识别主要要素，以及图像分割的方式判断要素占比等。百度地图、腾讯地图、谷歌地图等均提供街景图片，通过 API（应用程序编程接口）可以大规模抓取感兴趣区域的所有街景图片，采用人工审计或机器学习模型自动识别 / 评价，可以对感兴趣的城市要素进行识别以及城市公共空间品质进行评估（Tang，Long，2019）（图 3-6）。

图 3-6　街景图片

资料来源：腾讯地图街景截取

### 3.3.2　人口构成及活动数据

人口构成数据是城市模型最基础的数据之一，常被用来推导城市人口分布、土地利用、交通出行、产业经济的发展情况。城市模型关注不同研究单元的人数、每个单元的人口构成——主要包括人口的自然结构（性别结构、年龄结构）及社会结构（家庭结构、职业结构、教育程度构成、收入构成）等，以及人的行为活动。

人口构成及活动数据的来源主要有传统的统计数据以及新兴的 LBS 数据、手机信令数据。常见的 LBS 数据有点评及签到数据、人口热力图、位置照片（Flickr 照片）等。

（1）人口普查数据

人口普查是世界各国所广泛采用的搜集人口资料的一种科学方法，是提供全国基本人口数据的主要来源。我国人口普查工作每10年进行一次，尾数逢0的年份为普查年度。我国人口普查对象是指普查标准时点在中华人民共和国境内的自然人以及在中华人民共和国境外但未定居的中国公民，不包括在中华人民共和国境内短期停留的境外人员。现代意义的人口普查，是从中华人民共和国成立后才开始的。从1949年至今，我国分别在1953、1964、1982、1990、2000、2010和2020年进行过七次全国性人口普查。人口普查数据主要为人口和住户的基本情况，内容包括姓名、性别、年龄、民族、国籍、受教育程度、行业、职业、迁移流动、社会保障、婚姻、生育、死亡、住房情况等。

（2）LandScan 全球人口动态统计

LandScan 全球人口动态统计分析数据库由美国能源部橡树岭国家实验室（ORNL）开发，East View Cartographic 提供。LandScan 运用 GIS 和遥感等创新方法，是全球人口数据发布的社会标准，是全球最为准确、可靠，基于地理位置的，具有分布模型和最佳分辨率的全球人口动态统计分析数据库。LandScan 是利用最佳可用人口统计（Census）和地理数据、遥感影像分析技术在多变量测值建模框架内开发的，用于在行政边界内分布人口普查数据（图3-7）。该数据库具有 GIS 光栅（ESRI 格栅）格式的高分辨率人口分布数据，每年更新升级，可用于人口预测、人口分布、城市发展等模型的研究。

（3）手机信令数据

手机信令数据是手机用户与发射基站或者微站之间的通信数据，产生于手机的

图3-7 LandScan 人口分布数据

资料来源：https：//landscan.ornl.gov

位置移动、打电话、发短信、规律性位置请求等。这些数据字段带有时间和位置，还有话单数据,体现用户之间的电话和短信联系等信息。数据空间分辨率多为基站（城市内多为 200m 左右，乡村地区则更大），时间分辨率可以精确到秒，但运营商多提供汇总到小时层面的数据。在过去，这些历史大数据成为企业的负担，只能被消极地保存或是直接销毁。近年来，移动运营商将数据提供给研究人员、咨询机构乃至政府部门，让本为负担的数据发挥巨大作用。

目前，手机信令数据在城市模型领域的应用，主要有城市人口居住和就业时空分布分析、地区人群的动向分析、特定人群的分布及活动特征分析、建成环境评价 / 规划实施评估、生活重心识别与评价、城市运行状态规划实施实时监测监控、交通出行 OD 分析、客流 OD 分析、客流路径分析、客流断面分析、地下轨道站点辐射范围分析、轨道换乘分析、高速公路的车速及拥堵分析等，可应用于“城市总体规划中的城镇体系空间结构、城镇体系等级结构、城市空间结构和布局、城市公共中心体系以及城市重要服务设施的实施评估”中（钮心毅，等，2017）。

（4）点评及签到数据

社交网络数据反映了人活动的空间分布、活动类型及强度，如大众点评、（微博）签到等。大众点评是中国领先的本地生活信息及交易平台，也是全球最早建立的独立第三方消费点评网站之一，不仅为用户提供商户信息、消费点评及消费优惠等信息服务，同时也提供团购、餐厅预订、外卖及电子会员卡等 O2O（Online to Offline）交易服务，数据可以通过 API 抓取，也可以通过网页源码抓取（图 3-8）。（微博）

图 3-8　大众点评数据类别
资料来源：大众点评官网截取

签到数据体现一个地点受欢迎的程度（“人气”），结合签到的用户，可以构建地点之间的联系网络、评价地点相似性、评价用户偏好等。

（5）人口热力图

热力图以特殊高亮的形式显示了人群集中区域的空间分布，百度作为国内市民使用最为广泛的互联网平台之一，于 2011 年 1 月发布了百度热力图（HeatMap），基于智能手机使用者访问百度产品（如搜索、地图、天气、音乐等）时所携带的位置信息，按照位置聚类，计算各个地区内聚集的人群密度和人流速度，综合计算出聚类地点的热度，计算结果用不同的颜色和亮度反映人流量的空间差异。百度热力图的数据目前只能通过百度地图 APP 访问（没有桌面版本），粒度精细到个人，规模覆盖到全国（图 3-9）。

（6）位置照片（Flickr 照片）

随着拍摄设备的普及和社交网络的发展，在线的具有位置信息的图片资源日益丰富。Flickr 作为雅虎旗下图片分享网站，是一家提供免费及付费数位照片储存、分享方案之线上服务，也提供网络社群服务的平台，上面分享的照片体现了游客或是居民的城市 / 区域意象。这类位置照片数据可用于分析旅游关注点、城市意象空间等内容（图 3-10）。

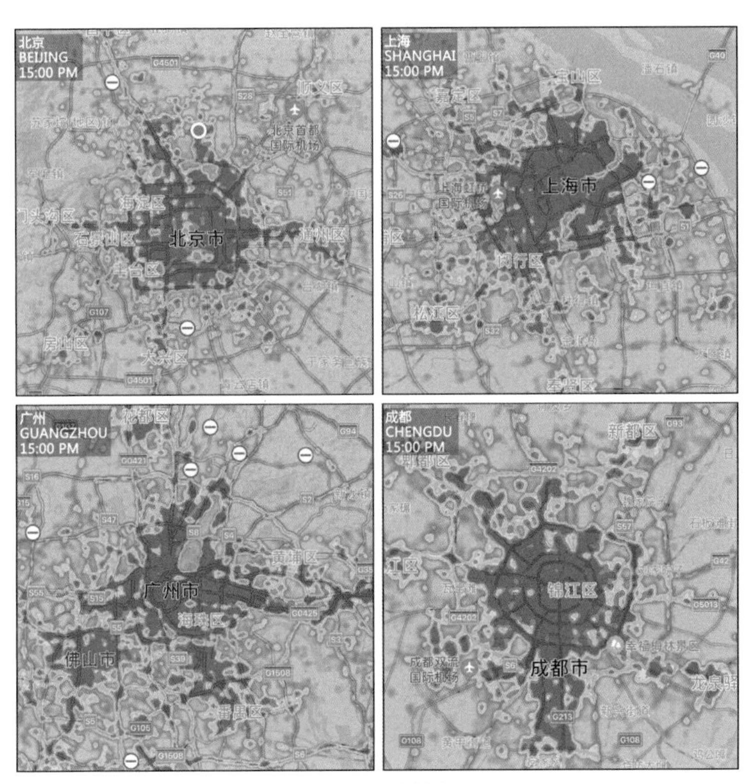


图 3-9 百度热力图

资料来源：百度地图手机 App 截取

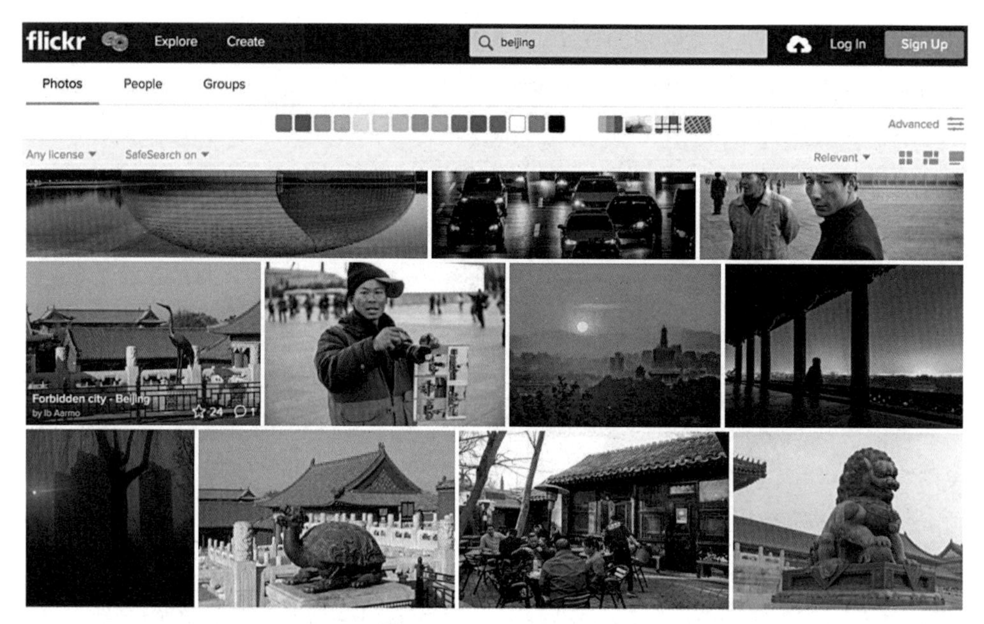


图 3-10 Flicker 照片

资料来源：Flicker 官网截取

### 3.3.3 交通出行数据

交通出行数据反映城市中不同出行方式的截面流量、频次、路径选择特征以及出行者出行时选择交通工具的比例、出行时间、距离及目的。交通出行数据也常用于模拟产业经济发展和土地利用。城市模型中关注的人们的出行方式包括步行、自行车、私家车、公交车、轨道交通（地铁及轻轨）以及近年来兴起的共享汽车、无人驾驶汽车等。

交通出行数据的来源主要有传统的居民出行调查数据以及新兴的全球定位系统（Global Positioning System，GPS）、公交智能卡刷卡数据（Smart Card Data，SCD）、LBS 数据、手机信令数据。

（1）居民出行调查数据

居民出行是指一个地区的居民出行，包括区域内全体人员的出行，不论其是否有本地户籍、常住或暂住。城市交通应研究居民出行的下列特性：①出行率，即一定时间（通常为一日）内个人的出行次数；②出行目的；③出行方式；④出发地点和到达地点；⑤出发时间和到达时间；⑥出行距离；⑦出行耗用时间。一般采用抽样家访调查或电话、通信调查。家访调查抽样率过去常用 4%（100 万以上人口城市）~10%（5 万以下人口城市），趋向于采用较小的抽样率，例如 2%~3%。调查内容除家庭各成员一天的出行情况外，一般还调查家庭特征，如家庭人数、家庭收入、拥有交通工具情况等；家庭内各成员的个人特征，如是否有本地户籍或常住户口、性别、年龄、职业、工作地点等。

（2）GPS 数据

GPS 多体现了出租车、公交车、网约车、共享单车的位置信息和运营情况。其中，出租车轨迹多对应一个城市，而网约车记录则多对应大量城市，而共享单车数据还记录了骑行过程中产生的定位轨迹、开关锁记录等信息。此类数据多结合其他辅助数据如土地使用、居民家庭出行调查数据、道路网络、交通分析小区（Transit-Oriented Zone，TAZ）边界等一起使用。GPS 数据的潜在应用领域主要是城市功能推测、道路拥堵指数计算、公交线网优化分析、商业区活力度比对、区间联系分析、主要商圈客源吸引力分析等（图 3-11）。

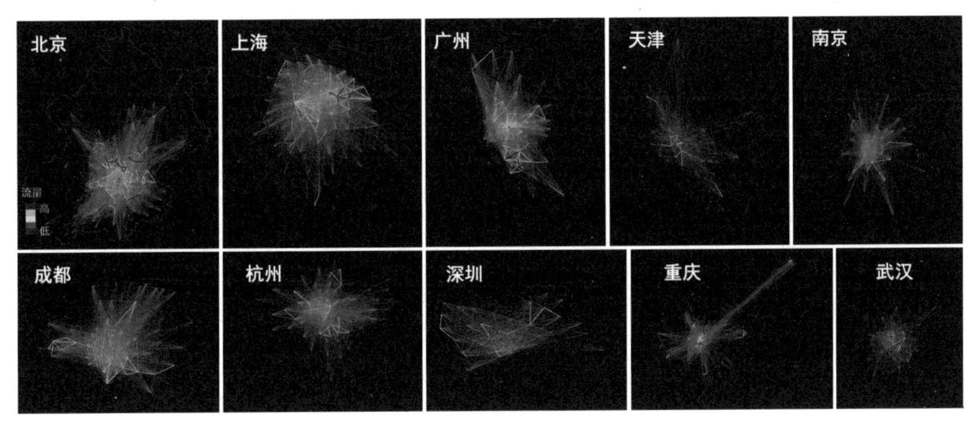


图 3-11 基于出租车 GPS 的城市出行分析

资料来源：作者自绘

（3）公交智能卡刷卡数据

SCD 数据结构比较简单，一般记录了持卡人的 ID、类型（如普通卡、学生卡和员工卡等）、上车 / 下车或上下车的详细时间和线路、车站编号，部分还记录了司机和车辆的 ID。相比传统的交通出行调查数据，SCD 的特点一般包括连续性好、覆盖面广、信息全面且易于动态更新，具有地理标识（Geo-tagged）和时间标签，同时获取成本较低。因此 SCD 可以作为大数据的一种来支持城市研究工作。其潜在应用领域包括职住平衡评价、城市贫困与极端出行分析、乘客画像、公交线路调整优化、城市规划实施评价、群体出行识别、学生出行分析、灰色人群、城市功能识别等（图 3-12）。

### 3.3.4 产业经济数据

有关产业经济的城市模型更多关注的是微观经济学的内容，关注供给与需求牵引下的资源配置、消费与生产布局、就业与居住平衡等问题。产业经济数据的来源包括中国经济与社会发展统计数据库以及新兴的网上消费数据、住房数据等。此外，夜光影像数据也被用于评价城市或区域的产业经济发展水平。

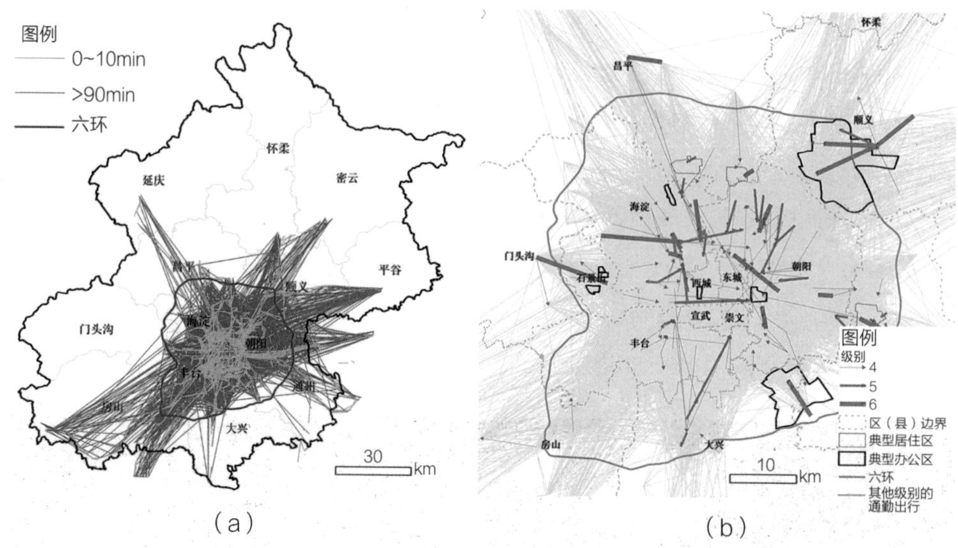


图3-12　基于公交智能卡刷卡数据识别的北京通勤出行

（a）极端出行时间的通勤出行；（b）TAZ 尺度的通勤链接

资料来源：龙瀛，等，2015

（1）中国经济与社会发展统计数据库

CNKI《中国经济社会发展统计数据库》（原名《中国统计年鉴数据库》）完整收录了 1949 年以来我国已出版发行的 708 种权威统计资料。其中，仍在连续出版的统计年鉴资料有 150 多种，内容覆盖国民经济核算、固定资产投资、人口与人力资源等多种行业领域，是我国最大的官方统计资料集合总库。统计资料涉及 18 个领域，包括国民经济核算、固定资产投资、工业、建筑房产、交通邮电信息产业、旅游餐饮等产业经济相关数据。在数据挖掘分析平台中，用户可根据自己的研究课题需要，通过定制地区、指标和年份等参数，进行地区发展对比分析、单（多）指标分析、时间序列分析操作。

（2）网上消费数据

随着电子商务及网上购物的兴起，线上消费数据兴起。网上消费数据主要指淘宝、京东、阿里巴巴、美团、饿了么等平台的数据。相较于传统的统计数据，网上消费数据更新速度更快，数据精度更高，不仅能反映小区域消费数据，还能一定程度上反映出消费者的特征，为精细化城市模型提供新的机遇。

（3）住房数据

住房数据产生于多个房地产企业，例如搜房网、房天下、安居客、链家网等。其中，基于网络爬取技术获得的搜房网上的写字楼数据，覆盖全国各大中城市的中心城市范围，其属性有名称、区域、地址、类型、级别、物业公司、物业管理费、车位数、开发商、层高、建筑面积等信息。再通过百度地图 API 匹配到空间，百度坐标转化为本地坐标。成立于 2007 年 1 月的安居客是国内一家房地产租售服务平台，全面覆盖新房、二手房、租房、商业地产四大业务，同时为开发商与经纪人提供高效的网络推广平台（图 3-13）。该数据可用于模拟预测房价分布，研究城市居民居住选择行为的特征规律与发展趋势，并预测不同居民群体的居住选址偏好（徐婉庭，等，2019）。

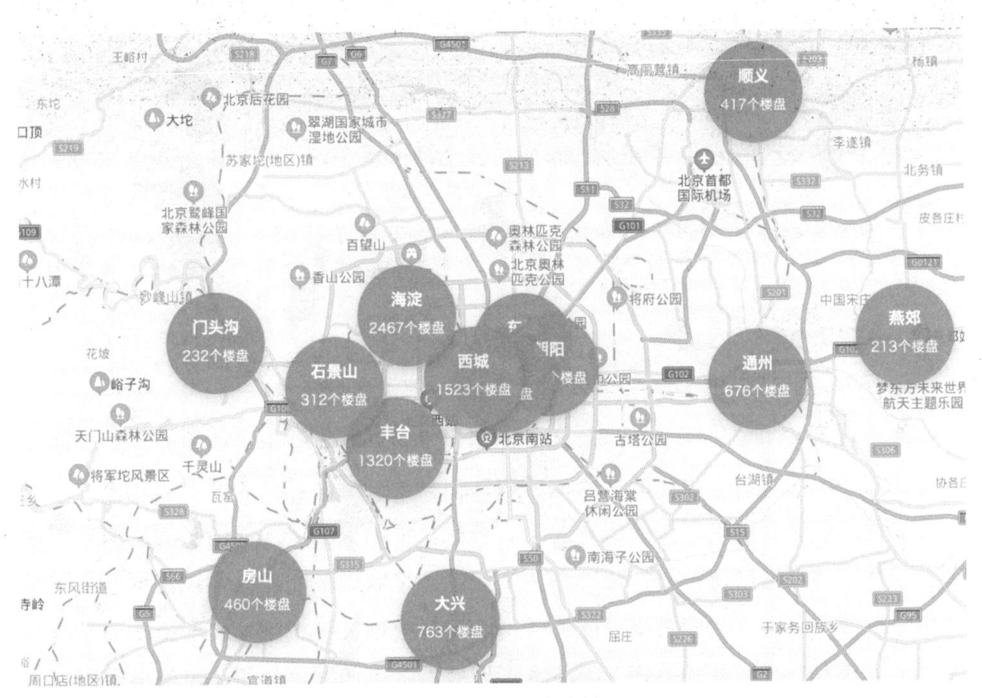


图 3-13　房天下房产地图

资料来源：房天下官网

（4）夜光影像数据

夜光影像数据是遥感传感器获取陆地 / 水体可见光源产生的数据，目前，美国、以色列、阿根廷、中国等拥有能够观测夜光的卫星，如 DMSP 系列卫星、Suomi NPP 卫星、SAC-C 卫星、SAC-D 卫星、EROS-B 卫星、吉林一号、国际空间站等。2018 年由武汉大学团队与相关机构共同研发制作的全球首颗专业夜光遥感卫星“珞珈一号”卫星携带的大视场高灵敏夜光遥感相机，具备 130m 分辨率、260km 幅宽的夜光成像能力，能获取精度远高于当前美国卫星的夜景图片。夜光影像数据潜在研究领域为社会经济参数估算、城市化和区域发展评估、光污染研究等（朱惠，等，2020）（图 3-14）。

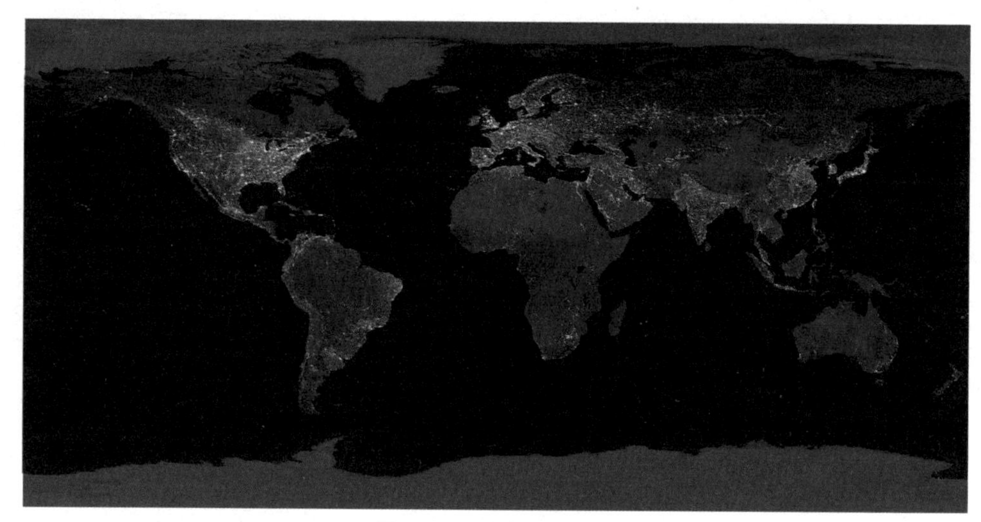

图 3-14　夜光影像数据

资料来源：NASA earth observatory. https：//earthobservatory.nasa.gov/features/NightLights

## 3.4　本章小结

本章首先介绍了传统的城市模型基础数据以及新数据环境下的新数据，当前不断涌现的多元、海量、快速更新的城市数据为研究精细的时空尺度下的城市形态对人类活动的影响提供了广阔的研究前景。其次，本章根据实际使用中的不同分类标准对模型基础数据进行分类，分别介绍了建成环境数据及非建成环境数据、不同时空粒度的数据以及点线面数据。此外，由于城市模型关注城市建成环境属性及其与人口、交通、产业经济的关联，因此本章最后对以上四类典型的城市模型数据的常见用法及其中具有代表性的数据进行了详细介绍。

## 参考文献

[1]　Tang J，Long Y. Measuring visual quality of street space and its temporal variation：Methodology and its application in the Hutong area in Beijing[J]. Landscape and Urban Planning，2019，191：103436.

[2]　Xu Y，Yu L，Peng D. et al. Annual 30-m land use/land cover maps of China for 1980—2015 from the integration of AVHRR，MODIS and Landsat data using the BFAST algorithm[J]. Sci. China Earth Sci，2020，63：1390-1407. https：//doi.org/10.1007/s11430-019-9606-4.

[3]　刘伦，龙瀛，麦克·巴蒂 . 城市模型的回顾与展望——访谈麦克·巴蒂之后的新思考 [J]. 城市规划，2014，38（08）：63-70.

[4]　龙瀛，孙立君，陶遂 . 基于公共交通智能卡数据的城市研究综述 [J]. 城市规划学刊，2015（03）：70-77.

[5] 龙瀛，刘伦 . 新数据环境下定量城市研究的四个变革 [J]. 国际城市规划，2017，32（01）：64–73.

[6] 钮心毅，朱娟，施澄 . 手机信令数据支持城市总体规划实施评估的技术框架 [J]. 城市建筑，2017（27）：16–20.

[7] 王垚，钮心毅 . 基于跨城出行联系的城市群等级结构测度与规划建议——以长江三角洲城市群核心区为例 [J]. 南方建筑，2020（02）：28–34.

[8] 席广亮，甄峰，张敏，等 . 网络消费时空演变及区域联系特征研究——以京东商城为例 [J]. 地理科学，2015（11）：1372–1380.

[9] 徐婉庭，张希煜，龙瀛 . 基于手机信令等多源数据的城市居住空间选择行为初探——以北京五环内小区为例 [J]. 城市发展研究，2019，26（10）：48–56.

[10] 朱惠，张清凌，张珊 . 1992—2017 年基于夜光遥感的中亚社会经济发展时空特征分析 [J]. 地球信息科学学报，2020，22（07）：1449–1462.

# 第4章

# 主要模型方法

306
20
159
43
161
308
17
153
104
157
158
106
213
210
209
325
345
117
322
316
351
321
118
93
352
349
350
114
75
122
113
319
317
96
99
229
61
355
185
184
233
60
146
94

## 4.1 空间分析

在建立城市模型之前，需要先对空间数据进行预处理，将数据匹配至适当的空间单元并对其进行基础的统计分析，以对研究区域内空间信息的整体情形先有一定程度的基本认识。本节将针对城市空间分析单元以及城市空间分析常用工具两部分展开介绍。

### 4.1.1 城市空间分析单元

在进行一系列的空间分析之前，需要先厘清研究所关注的空间分析单元为何，不同的空间单元对应着不同的城市尺度和城市功能，其分析结果也会诠释出不同的城市现象。目前在城市研究中，基本的空间分析单元可分为：核密度、网格、地块/街区/小区/分区以及街道四大类型，以下具体介绍。

（1）核密度

核密度指的是某要素在其周围邻域中的密度，其中要素可以是点要素或是线要素，通过计算这些原始要素的相对位置，进而产生光滑的密度图，使人们可以直观地观察要素的聚集或离散的分布特征。因此在传统的城市分析与研究中，核密度方法主要被视为一种可视化工具，用以描述地理现象特征分布的基本属性（Elgammal, et al，2002）。

过去，对于空间统计分析的量化方法，大多仅将研究区域划分为一系列均匀的子区域（即网格），统计落入各网格的特征值以作为该空间单元的属性。然而这样的方式会产生一系列问题，如：原始数据在空间单元内及单元连接处的信息丢失，以及网格单元尺度、维度、方向等特征选择会产生随意性等。总体而言，对于连续地理现象，若是通过人为的方法来进行空间单元划分，会对空间模式造成不尽相同的变化，也就会直接地影响研究结果。面对这样的问题，核密度方法的本质就成为一种较好解决办法（Sheather，Jones，1991）。学者鉴于上述问题，将统计评价加入到核密度的分析过程中，补足过往缺少量化的短版，回答“密度值高于多少是真正意义上的热点”的问题，从空间统计分析的方法来探讨更深层次的地理现象，因此，“核密度”便从单纯的可视化工具，演变为其中一种重要的空间基本分析单元。

（2）网格（Raster）

在城市空间分析中，面积数据一般可分为按规则均匀划分的格子单元，以及按不同属性划分的不规则单元；其中规则的单元一般被称为网格（或称栅格）单元。

在空间分析中，若使用了网格作为研究的基本空间单元，首先会对地理空间进行矩形单元（通常是正方形）的划分，然后将该单元内的地理信息或变化状态进行统计汇总，来赋予该网格单元相应的性质或属性，一般常见的数值汇总方式有：最大份额法、中心点法等（王远飞，何洪林，2007）。

（3）地块 / 街区 / 小区 / 分区（多边形，Polygon）

相对于规则统一的网格，城市空间内如地块、街区、小区、分区等，这些基于建成环境边界、行政划分或是带有社会经济属性的不规则空间单元，一般统称为多边形数据（Polygon），在空间分析中是一种重要的空间分析单元，通常也是以统计的方式将落在单元范围内的属性进行特征的描述。

在基于多边形的空间分析中，一般会先通过设色地图（Choropleth）对其进行可视化，需要正确地将多边形的数值进行类别间隔，并选择合适的颜色表达，接着再对多边形的性质与属性进行后续的统计分析，常见的如：多边形的几何性质和相互之间的接近性（Proximity）的测度方法、空间自相关性的测度方法等。

（4）街道

若将城市比做人体，则街区、地块等就如同城市的肌肉，而街道就是城市的骨骼，当前对于城市规划和管理方面主要还是以地块或街区为基本单元，但街道作为交通的载体和重要的城市公共空间，近年来也逐渐受到重视。总体上，以街道为单元的研究以往多以定性描述为主。随着当前城市数据获取技术的不断发展，吸引了越来越多学者投入到定量实证的研究当中，龙瀛更于2016年提出“街道城市主义”一概念（龙瀛，2016），有别于传统以网格、地块等单元认识城市的思路，“街道城市主义”是一种以街道为主要单元进行城市空间分析、统计和模拟的新思路，能够支持规划师、城市研究者等建立精细化的相关空间行为或是社会活动理论机制研究方式。

要开展以街道为空间基本单元的城市空间研究，也需要对街道数据进行合适的预处理。从开放在线地图所取得的街道网络数据，一般细节过多，且可能存在拓扑问题等，这些都不利于进一步的空间分析，因此需要先对街道进行合并、清理、简化或是拓扑处理等环节，以确保后续分析的可操作性。

### 4.1.2 城市空间分析常用工具

在确定了研究所使用的基本空间单元之后，则可以通过相关的空间统计分析软件工具，将所需的数据属性匹配至空间单元之中，并进一步地对研究范围进行探索性的理解与分析。以下将分别介绍几种在空间分析工作中，应用较广、发展较为成熟的工具。

（1）ArcGIS

ArcGIS 是由 ESRI 出品的一个地理信息系统系列软件的总称，最早于 1999 年开发，适合用于各类地理信息的处理、管理、建模与分析。作为一个世界领先且具高度延展性的地理信息系统（GIS）构建和应用平台，ArcGIS 根据不同应用场景还分为了 ArcGIS Desktop、ArcGISEngine、ArcSDE、ArcIMS、ArcGISServer 和 ArcPad 等不同版本，使 ArcGIS 用户无论是使用桌面端、web 浏览器或是各式移动设备，都能随时随地使用这套完整的分析平台（图 4-1）。

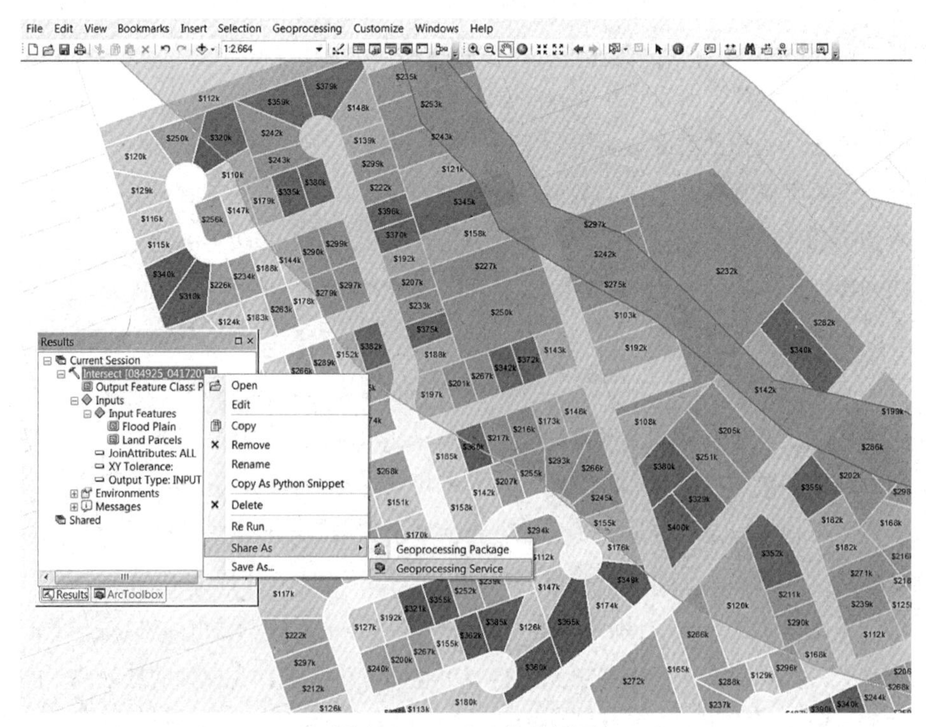


图 4-1 ArcGIS 软件界面

资料来源：https：//www.esri.com/

其中，ArcGIS Desktop 是一套许多程式组件的集成组合，支持不同场景、不同数据类型的应用，包括：

1）ArcMap：是最基本的应用程式组件，可以进行制图、编辑、地图空间分析，主要是用来处理 2D 空间地图。

2）ArcCatalog：用来管理空间资料，进行资料库的简易设计，并且用来记录、展示属性资料（metadata）。

3）ArcToolbox：地理资料处理工具的主要集合处，会整合在其他 ArcGIS 应用程式组件里面。

4）ArcGlobe：以 3D 立体地球仪的方式来展示、编辑、分析 3D 空间地图。

5）ArcScene：展示、编辑、分析 3D 空间地图。

6）ArcReader：基本的展示工具，仅用于浏览功能，完整安装时会连带安装。

此平台无论在地理信息的收集、组织、分析、编辑或是交流、发布方面都具有较为完整且强大的功能，其中常用的工具有：空间地理数据创建与浏览、编译地理信息、密度绘图、叠加分析、邻域分析、表面分析、网络分析，以及时态分析等。此外，用户可以创建自己的工具。所创建的工具称为自定义工具，像系统工具一样，它们会成为地理处理的组成部分。一般可以通过以下两种方式进行创建："模型构建器（ModelBuilder）"，或是 Python 脚本设计。

模型构建器（ModelBuilder）是一个用来创建、编辑和管理模型的应用程序。所谓模型是将一系列地理处理工具串联在一起的工作流，它将其中一个工具的输出作为另一个工具的输入，也可以将模型构建器看成是用于构建工作流的可视化编程语言。

使用 Python 语言所创建的脚本则可以按照两种基本方法执行：在 ArcGIS 外部执行和在 ArcGIS 内部执行。在 ArcGIS 外部执行表明脚本通过操作系统的命令提示符运行，或者在 PythonWin 等开发应用程序内运行，以这种方式执行的脚本称为独立脚本；而在 ArcGIS 内部执行则是在原工具箱内创建脚本工具。

（2）QGIS

QGIS（或称 QuantumGIS）是一个免费且轻量型的开源跨平台地理信息系统（GIS）应用程序，是开源地理空间基金会（OSGeo）的官方项目，可在 Linux、MacOS、Windows 和 Android 等系统上运行。其功能除了包含编写和导出图形地图外，亦支持多种矢量、栅格和数据库等多种地理空间数据格式的编辑和分析，同时还有线上服务模块与 Python、C++ 等编程语言插件，以支持来自外部数据的多方面应用与更进一步的功能扩展。

因其便捷性、可操作性、开源性，QGIS 已成为除了 ArcGIS 之外使用最为普遍的地理信息系统软件之一。以下依照功能的操作难易程度，分为基础操作、进阶操作以及 Python 脚本设计（PyQGIS）三方面进行介绍。

基础操作中主要涵盖了基本的浏览功能，如：汇入表格或 CSV 文件、处理基本矢量、查看属性。除此之外，也可以进行简单的数据编辑、统计与分析，如：计算线长、栅格编辑与分析、地形资料的操作、投影设定。在图像的地理配准方面，可对纸本地图或是空照图进行空间对位。另外，软件所包含的 Web 地图服务、Web 要素服务等线上功能，让用户能以简单便捷的操作步骤实现地图数位化。而 QGIS 的开放性也体现在其对于多源开放数据的兼容程度，此软件可以快速地链接、下载一些常见的政府开放地图或线上地图平台，如：美国地质调查局（USGS）、OpenStreetMap 等，有效地缩短用户在绘制基础地图与空间信息分析上的时间与精力。

在进阶操作功能中，一些在 ArcGIS 中常见的空间统计分析功能，如属性表关联、空间关联、数据可视化、制作热力图、邻域分析、使用矢量数据采样栅格数据、插值点数据等，在 QGIS 中也是使用较为普遍的功能模块。除此之外，用户还可通过 QGIS 中的处理框架（Processing Framework），同时运行本机和第三方算法来处理数据，可以轻松地在多个图层上执行算法、节省计算时间并自动执行重复性任务，在面对需要批量处理的任务时是一个强大的利器。

而在 Python 脚本设计（PyQGIS）模块中，QGIS 软件支持用户通过 Python 语言运行处理算法、构建相应插件以及自定义函数，在原软件的框架下实现了更进一步的功能扩展；另外，插件还可使用 Google 地理编码 API 进行地理编码，执行类似于 ArcGIS 中的标准工具的地理处理功能，并与 PostgreSQL、SpatiaLite、MySQL 等数据库进行交互，实现更全面的数据处理与管理。

总体而言，QGIS 的便捷性及其对于多源数据、多种语言的兼容性、开放性，使得该软件得到了世界各地用户的关注，对于首次接触空间信息统计分析或是其他相关专业领域的用户而言，拥有友好使用界面、清晰制图语法以及轻量功能选项的 QGIS，不失为一个优质的入门选择（图 4–2）。

（3）GeoDa

GeoDa 是一个免费的地理信息系统软件，可以进行空间数据分析、地理可视化、空间自相关和空间建模。其中 Open GeoDa 是 Legacy GeoDa 的跨平台开源版本，可在不同版本的 Windows（包括 XP、Vista、7、8 和 10）、MacOS 和 Linux 上运行。此软件最初于 2003 年，由伊利诺伊大学厄巴纳 – 香槟分校空间分析实验室（Spatial Analysis Laboratory）的 Luc Anselin 所指导开发，2016 年开始，软件开发团队转于芝加哥大学的空间数据科学中心（CSDS）继续发展。截至 2019 年 1 月，已经累计有超过 280000 名来自世界各地的用户在使用此软件。

GeoDa 具有执行空间分析、多变量探索性数据分析、基本线性回归以及全局和局部空间自相关等一系列的地理数据分析和可视化工具，目前已广泛应用于经济、健康、房地产等行业，主要协助用户实现以下三大部分内容：①通过空间统计测试进行地图可视化，如空间聚类的统计测试并可视化；②链接空间和非空间分布的数据视图，并对数据进行探索性分析，直接生成直方图、箱形图、散点图、泡泡图等；③实现空间和统计模式的实时探索，通过交互式设计的实时检测，让研究人员可以随着时间变化即时计算数据的动态差异与变化趋势（图 4-3）。

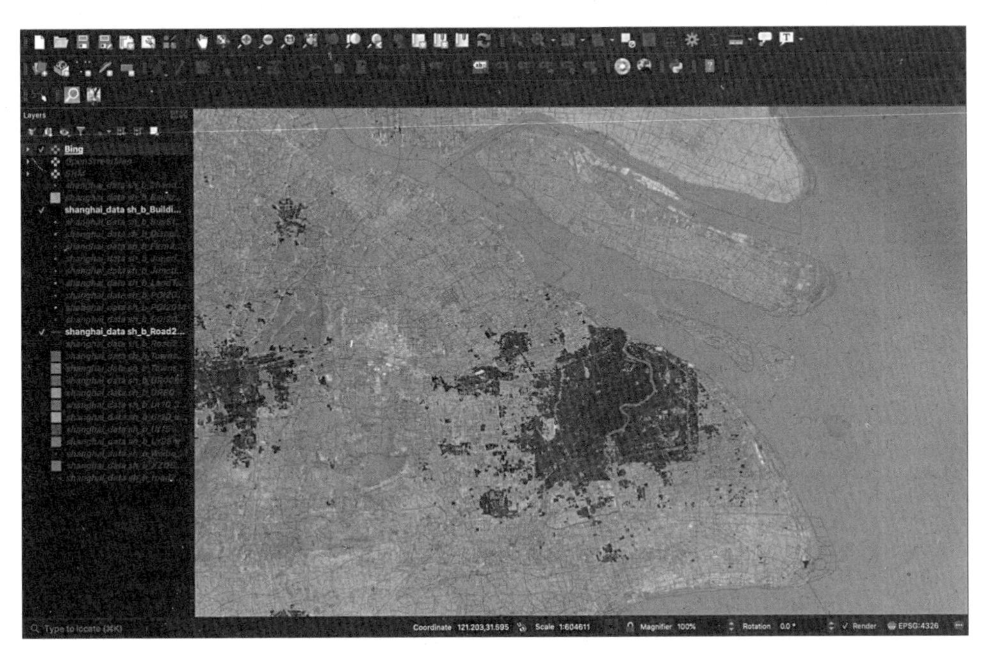


图 4-2　QGIS 软件界面

资料来源：作者截自软件

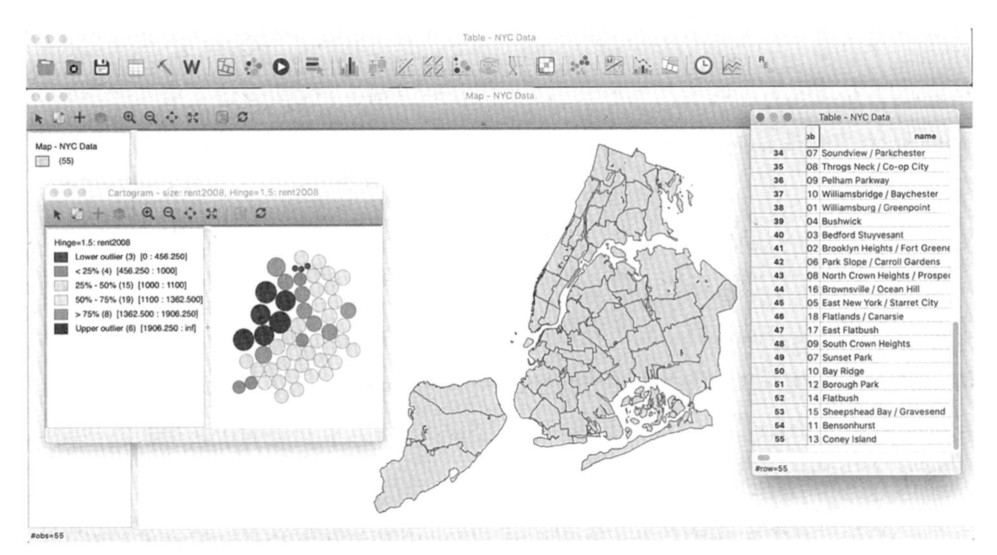


图 4-3　GeoDa 软件界面

资料来源：作者截自软件

## 4.2 回归分析

回归（Regression）分析是因果关系模型的一种。回归这个概念最早由英国著名生物兼统计学家 F.Calton 在 19 世纪末期提出，回归分析的主要目的是确定因变量的数学期望如何随自变量的变化而变化的规律，利用回归分析所获得的回归方程或所建立的回归模型来量化不同自变量对于因变量的影响程度，甚至进一步预测因变量的未来发展。

回归分析从自变量数量上分包括一元回归和多元回归；从回归模型上分包括线形回归和非线性回归。其体系如下：

- 回归预测
  - 线性回归
    - 一元线性回归
    - 多元线性回归
  - 非线性回归
    - 一元非线性回归
    - 多元非线性回归

回归分析的一般步骤包括：确定回归模型、根据已有数据求解模型参数、进行回归模型检验、进行预测。

一元线性回归就是基于一个自变量的线性方程式展开的回归分析，其模型的表达式为 $y=a+bx+\varepsilon$，若 $\varepsilon$ 服从正态分布，且 $\varepsilon$ 相互独立，从样本数据中可以拟合出经验性一元线性回归方程 $\hat{y}=a+bx$。多元线性回归模型为 $y=a_0+a_1x_1+a_2x_2+\cdots+a_kx_k+\varepsilon$，若 $\varepsilon$ 服从正态分布，且 $\varepsilon$ 相互独立，从样本数据中可以拟合出经验性多元线性回归方程 $\hat{y}=a_0+a_1x_1+a_2x_2+\cdots+a_kx_k$。回归模型参数估值方法最常用的为最小二乘法，即使 $Q=\sum_{i=1}^{n}\varepsilon_i^2=\sum_{i=1}^{n}(y_i-\hat{y}_i)^2=\sum_{i=1}^{n}[y_i-(a_0+a_1x_{1i}+a_2x_{2i}+\cdots+a_kx_{ki})]^2$ 达到最小，根据极值的必要条件，可以求出参数 $a_k$。预测模型的检验方法有回归方程拟合优度检验（相关性检验）、回归方程显著性检验（$F$ 检验）、回归系数的显著性检测（$T$ 检验）和残差分析（DW 检验）。

非线性回归的思路和步骤为：①根据经验或绘制散点图，选择非线性回归方程，常用的方程包括多项式函数、复合函数、生长函数、对数函数、三次函数、“S”形曲线、指数函数、逆函数、幂函数和逻辑函数等；②通过变量置换，把非线性回归方程转化为线性回归；③用线性回归分析中采用的方法来确定各回归系数；④对方程和系数进行显著性分析；⑤通过变量反代换，将线性方程还原，获得非线性回归方程和回归模型。

回归分析在城市规划研究中主要用于城市人口规模预测、建设用地规模预测、用水量预测、城市垃圾产量预测以及区域物流规划等诸多方面。

## 4.3 其他主要建模方法

### 4.3.1 人工神经网络

人工神经网络的基本思想在系统预测方法一节中已有叙述，本节将要介绍神经网络中最常用的 BP 模型。

前馈网络（Back-propagation Network，BP）模型，是一种单向传播的多层前向网络。在模式识别、图像处理、系统辨识、函数拟合、优化计算、最优预测和自适应控制等领域有着较为广泛的应用。BP 网络的拓扑结构如图 4-4 所示。

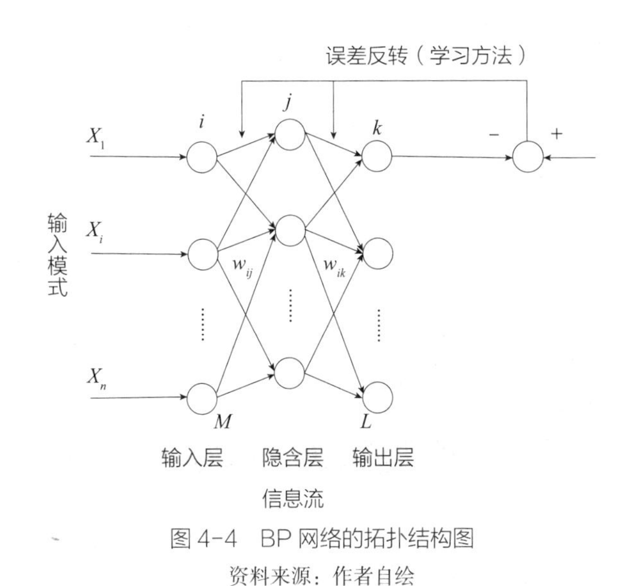


图 4-4　BP 网络的拓扑结构图

资料来源：作者自绘

BP 网络是一种强有力的学习系统，分类能力和模式识别能力强于反馈网络，其结构简单且易于编程；从系统的角度看，BP 网络是一静态非线性映射，通过简单非线性处理单元的复合映射，可获得复杂的非线性处理能力。但从计算的角度看，其缺乏丰富的动力学行为。

BP 算法的基本思想是最小二乘算法。它采用梯度搜索技术，以期使网络的实际输出值与期望输出值的误差均方值最小。BP 算法的学习过程由正向传播和反向传播组成。在正向传播过程中，输入信息从输入层经隐含层逐层处理，并传向输出层，每层神经元的状态只影响下一层神经元的状态。如果在输出层不能得到期望的输出，则转入反向传播，将误差信号沿原来的连接通路返回，通过修改各层神经元的权值，使误差信号最小。

BP 学习算法的计算步骤如图 4-5 所示。

BP 网络的优点包括：网络实质上实现了一个从输入到输出的映射功能，而数学理论已证明它具有实现任何复杂非线性映射的功能，这使得它特别适合于求解内部

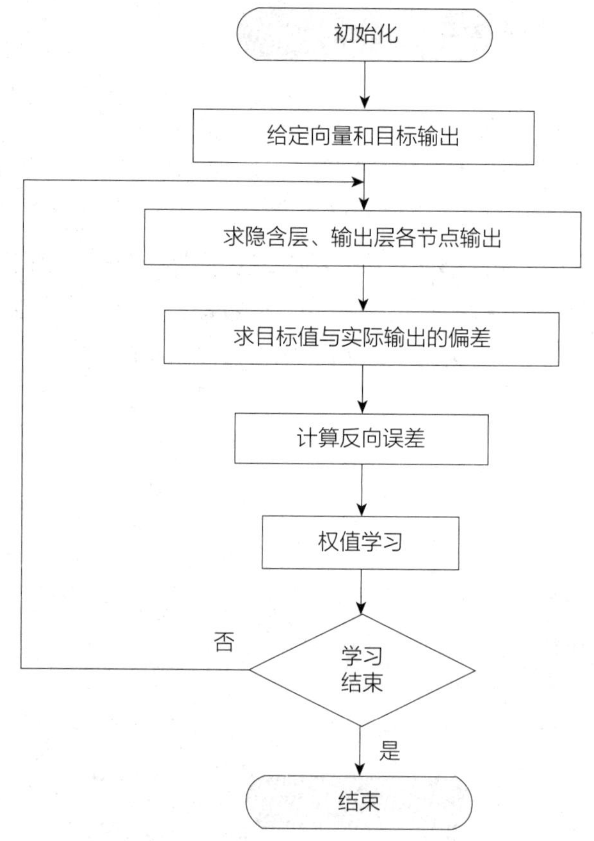


图 4-5　BP 学习算法的计算步骤框图

资料来源：作者自绘

机制复杂的问题；网络能通过学习带正确答案的实例集自动提取“合理的”求解规则，即具有自学习能力。BP 网络的问题在于：学习速度很慢；网络训练失败的可能性较大，难以解决应用问题的实例规模和网络规模间的矛盾；网络结构的选择尚无一种统一而完整的理论指导，一般只能由经验选定；新加入的样本要影响已学习成功的网络，而且刻画每个输入样本的特征数目也必须相同；网络的预测能力（也称泛化能力、推广能力）与训练能力（也称逼近能力、学习能力）的矛盾有待解决。

在城市规划中，人工神经网络模拟方法主要用于景观规划、交通模拟、土地利用系统模拟等方面。例如：朱红梅等（2009）也将 BP 人工神经网络应用在长沙市城市土地集约利用的评价研究之中。该研究利用 ANN 模型进行城市土地集约利用评价，能有效排除人为设定权重的主观因素对评价结果的影响，免除繁重的计算，使得到的结果更加科学、客观。该研究从长沙市土地利用现状出发，确定了由 9 个指标构成的土地集约利用评价体系，运用 BP 人工网络模型，通过测试数据对网络进行训练，评定出 1999~2006 年长沙市土地集约利用水平等级。结果表明：长沙市近 8 年城市土地处于集约利用状态，且呈现波动上升趋势。

### 4.3.2 系统动力学

系统动力学（System Dynamics）是美国麻省理工学院福瑞斯特（Jay W. Forrester）教授于1956年首创的一种运用结构、功能、历史相结合的系统仿真方法。它可以定量地研究高阶次、非线性、多重反馈、复杂时变系统（周德群，2005）。它从因果关系结构入手，建立系统仿真模型，通过计算机仿真，展示不同的政策方案下系统的动态行为，从而寻求解决问题的正确途径。

系统动力学的研究对象是社会大系统，社会大系统有两个特点：①因果性与反馈性，当某一种社会现象发生时就会引起其他的现象发生，彼此之间有一种互相影响、互相依赖的关系；②非线性，社会大系统各因素之间的关系复杂，虽然有些社会事物之间的关系可以用线性或近似线性来模拟，但还有相当多的事物不能用线性来表达，也就是非线性。

系统动力学解决问题的步骤包括：①系统分析，包括明确系统仿真的目的、确定系统边界、确定系统行为的参考模式（即用图形表示出系统中主要变量，并由此引出与这些变量有关的其他重要变量，通过各方面的定性分析，勾绘出有待研究问题的发展趋势）；②分析系统结构，确定系统因素之间关系（正关系、负关系、无关系），以系统结构的因果关系图和流程图的形式表现；③建立DYNAMO方程，并进行参数的确定和赋值；在DYNAMO模型中，主要有6种方程，分别为：*L*—状态变量方程、*R*—速率方程、*A*—辅助方程、*C*—常熟方程、*N*—初始条件方程、*T*—*Y*坐标方程，各方程的具体形式请参见参考文献（周德群，2005）；④计算机仿真实验；⑤结果评估和模型修正，包括模型结构/行为适合性、模型结构/行为与真实系统一致性的检验。

1968年出版的Jay W. Forrester的《城市动力学》（*Urban Dynamics*），总结了美国城市兴衰问题的理论与应用研究成果，1970年代以后，系统动力学应用于全球人口、资源、粮食、环境等方面的未来和发展研究，陆续出版的Jay W. Forrester的《世界动力学》（*World Dynamics*）、Donella Meadows等的《增长的极限》（*The Limits to Growth*）等，提出了著名的世界动力学模型（World Dynamics Model），目前，系统动力学广泛应用于规划领域的各个方面。

国内学者如：苏伟忠等（2012）也曾通过综合系统动力学模型、元胞自动机及城市承载力分析研究常州市区的城市增长边界（Urban Growth Boundary，UGB），结果表明：该方法可以预测到2020年常州市区城市建设用地面积将为308.47km$^2$，增长方式主要为北部和南部组团外延、主城区及南北组团内部填充同步发展；另外，模型预测的UGB与GH-UGB（实际规划UGB）在城市北部和东部空间拟合良好，西部和南部拟合较差，显示模型预测对空间整体和要素联系虽然仍有考虑不足之处，但从用地规模偏差可以表明此模型预测更为客观。与传统规划技术的预测方法相比，传统规划技术及历史经验的预测过程附加更多人为主观性，因此可能会过于高估未来发展情形，而系统动力学模型基于城市系统要素内在关联进行预测，更具备客观性。

### 4.3.3 投入产出分析

投入产出分析（Input-Output Analysis）是美国著名经济学家、诺贝尔经济科学奖获得者瓦西里·里昂惕夫（Wassily Leontief）在1930年代所提出的一种经济数量分析方法。它以棋盘式平衡表的方式反映、研究一个经济系统各个部分之间表现为投入与产出的相互依存关系，并以其在深刻复杂的经济内涵与简洁数学表达形式上的完美结合，成为经济系统分析的不可替代的工具。

投入产出模型按照时间来分，可以分为静态投入产出模型和动态投入产出模型。静态投入产出模型，主要研究某一时期各产业部门之间的相互关系问题；动态投入产出模型则针对若干时期，研究再生产过程中各产业部门之间的相互联系问题。投入产出模型按照不同的计量单位，可以分为实物型和价值型，前者是按实物单位计量的，后者是按货币单位计量的。

实物型投入产出表（表4-1），是以各种产品为对象，以不同的实物计量单位编制出来的。表的横行反映了各类产品的生产与分配使用情况，它的一部分作为中间产品供其他产品生产过程中使用，另一部分作为最终产品供积累、消费和出口，两部分之和就是最终一定时间内各类产品的生产总量 $q$。表的纵列，反映了各类产品生产过程中，消耗的其他产品（由于各类产品的计量单位不一致无法相加）。表的第一栏中，表示中间产品之间的流量，$q_{ij}$ 表示第 $i$ 类产品流向第 $j$ 类产品的数量，或者说是第 $j$ 类产品生产过程中消耗的第 $i$ 类产品的数量，$q_{ii}$ 表示各类产品的自身消耗量。按每一行可以建立一个方程，得到 $n$+1 个方程：

$$\sum_{j=1}^{n} q_{ij}+y_i=q_i(i=1,\ 2,\ \cdots,\ n),\ \sum_{j=1}^{n} q_{oj}=L$$

实物型投入产出表　　　表4-1

| 产出<br>投入 | 中间产品 | | | | 最终产品 | 总产品 |
|---|---|---|---|---|---|---|
| | 1 | 2 | … | $n$ | | |
| 1 | $q_{11}$ | $q_{12}$ | … | $q_{1n}$ | $y_1$ | $q_1$ |
| 2 | $q_{21}$ | $q_{22}$ | … | $q_{2n}$ | $y_2$ | $q_2$ |
| ⋮ | ⋮ | ⋮ | | ⋮ | ⋮ | ⋮ |
| $n$ | $q_{n1}$ | $q_{n2}$ | … | $q_{nn}$ | $y_n$ | $q_n$ |
| 劳动 | $q_{01}$ | $q_{02}$ | … | $q_{0n}$ | 1 | $L$ |

资料来源：作者自绘

令 $a_{ij}=q_{ij}/q_j(i, j=1, 2, \cdots, n)$，则 $a_{ij}$ 表示每生产单位 $j$ 类产品需要消耗的 $i$ 类产品的数量，它被称为产品的直接消耗系数。同理，劳动的直接消耗系数为：$a_{oj}=q_{oj}/q_j(i, j=1, 2, \cdots, n)$

若令：$A=\begin{pmatrix} a_{11} & \cdots & a_{1n} \\ \vdots & \ddots & \vdots \\ a_{n1} & \cdots & a_{nn} \end{pmatrix}$，$Q=[q_1, q_2, \cdots, q_n]^T$, $Y=[y_1, y_2, \cdots, y_n]^T$, 则 $AQ+Y=Q$ 即（$I-A$）$Q=Y$，这表明了总产量与最终产品之间的关系，若已知各类产品的总产量，则可以通过上式求出各类产品的最终产品需求量；若已知各类产品的最终产品需求量，则可以得到各类产品的总产量。

在模型中，直接消耗系数矩阵 $A$ 反映了生产过程的技术结构。模型通过 $I-A$（列昂捷夫矩阵，Lyanjef Matrix）建立了总产品与最终产品之间的联系，通过列昂捷夫矩阵（$I-A$）$^{-1}$ 建立了最终产品与总产品之间的联系。

对投入产出模型作一些改造，就可以将其用于区域经济活动分析中，因为一个较大的区域都是由若干个比较小的区域构成的，每个小区域都是较大区域的组成部分。区域经济活动的投入产出模型就在一个较大的区域内，揭示若干个较小区域的各部门经济活动之间的相互联系。

投入产出分析被普遍用于经济预测和规划、重要决策分析、事件影响和经济—环境依存关系分析等方面，投入产出技术的应用领域十分广泛，国家、地区间、地区、部门甚至企业都可以作为一个经济系统进行投入产出分析。如：方创琳和关兴良（2011）从投入产出效率视角，构建城市群投入产出效率指标体系，采用 CRS 模型、VRS 模型和 Bootstrap-DEA 方法，综合测算了中国城市群投入产出效率、变化趋势及空间分异特征。结果表明，中国城市群投入产出效率总体较低且呈下降趋势，2002、2007 年中国城市群投入产出综合效率为 0.853 和 0.820，分别达到最优水平的 85% 和 82%，平均综合效率下降了 0.033；城市群投入产出综合效率、纯技术效率和规模效率总体表现为东部高于中部、中部高于西部，呈现出与中国东、中、西区域经济发展格局相似的特征；该研究旨在为评估我国城市群高密度集聚的效果提供定量的测算依据，进而为提高中国城市群的投入产出效率与空间集聚效率奠定科学的决策基础。

## 4.4　本章小结

本章将主要模型方法分为三部分进行介绍，分别是空间分析、回归分析以及其他主要建模方法。首先介绍在建立城市模型之前需要先进行的基础“空间分析”，分为城市空间分析单元的概念以及常用工具两小节进行介绍，先厘清当前最常见的几种城市空间单元及相关应用场景，再结合常用的空间分析工具将研究所需的数据属性匹配至空间单元内，并进一步对研究范围进行探索性分析。

第二与第三部分主要是介绍城市模型中常见的几种建模方法。首先在第二节的部分介绍在城市模型构建中最常见的一种分析方法——“回归分析”。进行回归分析的主要目的是探究因变量的数学期望如何随自变量的变化而变化的规律，并利用其结果或建立的模型来量化不同自变量对于因变量的影响程度，以进一步预测因变量的未来发展。第三部分则介绍了其他几种常见的建模方法，分为人工神经网络、系统动力学与投入产出分析等，分别介绍了各种建模方法的基本概念以及已有的相关应用研究，这些方法在城市空间的模拟与发展预测上大多已有相对成熟的应用案例，能有效实现较为微观尺度的城市空间研究。

## 参考文献

[1] Elgammal A，Duraiswami R，Harwood D，et al. Background and Foreground Modeling Using Non-parametric Kernal Density Estimation for Visual Survelliance[J]. Proceddings of the IEEE，2002，90（7）：1151-1163.

[2] Sheather S J，Jones M C. A Reliable Data-based Bandwidth Selection Method for Kernel Density Estimation[J]. Journal of the Royal Statistical Society. Series B（Methodological），1991：683-690.

[3] 陈禹，钟佳桂 . 系统科学与方法概论 [M]. 北京：中国人民大学出版社，2006.

[4] 方创琳，关兴良 . 中国城市群投入产出效率的综合测度与空间分异 [J]. 地理学报，2011，66（8）：1011-1022.

[5] 龙瀛 . 街道城市主义新数据环境下城市研究与规划设计的新思路 [J]. 时代建筑，2016，（02）：128-132.

[6] 商蕾，陆化普 . 城市微观交通仿真系统及其应用研究 [J]. 系统仿真学报，2006，18（1）：221-224.

[7] 苏伟忠，杨桂山，陈爽，等 . 城市增长边界分析方法研究——以长江三角洲常州市为例 [J]. 自然资源学报，2012，27（2）：322-331.

[8] 王远飞，何洪林 . 空间数据分析方法 [M]. 北京：科学出版社，2007.

[9] 周德群 . 系统工程概论 [M]. 北京：科学出版社，2005.

[10] 朱红梅，周子英，黄纯，等 . BP 人工神经网络在城市土地集约利用评价中的应用——以长沙市为例 [J]. 经济地理，2009，29（5）：836-839.

# 第5章

# 主要模型软件

306
20
159
181
153
157
158
106
213
210
209
325
345
117
322
346
351
118
321
352
349
114
75
122
113
319
317
96
99
229
355
185
184
61
233
60

## 5.1 Python

Python是一种广泛使用的直译式、进阶编程、通用型的程式语言，由吉多·范罗苏姆创造，其设计哲学在于强调程式码的可读性和简洁的语法，于1999年正式释出第一版。相比于C++、Java等语言，Python具有易学习、易于阅读、易于维护、可扩展、可嵌入等多重特点，让开发者能够用更少的代码表达想法，并试图让程式的结构清晰明了。

Python是一门带有统计学模块的通用编程语言，与R这样一门专注于统计学的语言相比，虽然R具有更多的统计分析功能与专用的语法，但一旦需要构建复杂的分析管道，混合统计学以及图像分析、文本挖掘或者物理实验控制，Python就显得更具有优势。其中，在数据统计分析方面最为常见，同时具有较为丰富功能的分析程序包有NumPy、Pandas，而在数据可视化方面则有Matplotlib、Seaborn等库，另外针对空间地理信息处理方面，GeoPandas库也提供了许多功能模块。

Numpy（Numerical Python的简称）作为多维数组（Ndarray）容器，是可以对数组执行元素级计算以及直接对数组执行数学运算的函数。其也是用于读写硬盘上基于数组的数据集的工具。数据处理速度比Python自身的嵌套列表要快很多。

Pandas（名字来源于Panel Data面板数据）是基于NumPy的一种工具，提供了快速便捷地处理结构化数据的大量数据结构和函数。使用最多的Pandas对象主要是Series（一组数据及相应的索引标签）和DataFrame（二维表结构），以及其丰富的描述性统计分析函数工具，如：总和、均值、最小值、最大值等。

Matplotlib 是一个在数据可视化方面非常强大的工具库，旨在将可视化作为探索和理解数据的核心部分，协助用户更直观、更便捷地了解所研究的数据集。其要求的原始数据输入类型为 NumPy 数组，基础的绘图功能包括散点图、直方图、箱线图等常见的统计分析视图。

Seaborn 则是一套建立于 Matplotlib 之上，可用于制作丰富和非常具有吸引力统计图形的 Python 库，将一系列常见的可视化绘图过程进行了函数封装，形成的一个“快捷方式”，相比于 Matplotlib 的好处是代码更简洁，可以用一行代码实现一个清晰好看的可视化输出，但也使得其定制化能力会比较差，只能实现固化的一些可视化模板类型。

而 GeoPandas 则是一个针对地理空间数据的工具库，该工具库主要是建立于 Pandas 库的基础之上，结合了 Matplotlib、Fiona、Pyproj 等其他工具库套件，进一步扩展了对相关空间数据类型的相容性，使用户可基于 Python 语言来对几何类型的空间数据进行相关的分析、可视化操作（图 5-1）。

综上所述，Python 除了具有简洁、易上手等特点之外，使用者更可进一步结合其在分析与可视化方面相当丰富的工具库，在城市空间的数据分析与运算模拟上充分发挥其强大的效用和多元的功能。

图 5-1　Python 中的 GeoPandas 库可支援叠加其他开源地图进行可视化

资料来源：https：//geopandas.org/

## 5.2 R

R 语言是一种自由软体程式语言与操作环境，主要用于统计分析、绘图、数据探勘。R 本来是由来自新西兰奥克兰大学的罗斯·伊哈卡和罗伯特·杰特曼开发（因此称为 R），现在由 R 开发核心团队负责开发。R 是基于 S 语言的一个 GNU 计划专案，所以也可以当作 S 语言的一种实现，通常用 S 语言编写的程式码都可以不作修改地在 R 环境下执行。

R 的原始码可自由下载使用，亦有已编译的执行档版本可以下载，可在多种平台下执行，包括 UNIX（也包括 FreeBSD 和 Linux）、Windows 和 MacOS。R 主要是以命令列操作，同时有人开发了几种图形用户界面，其中 RStudio 是最为广泛使用的整合开发环境。

R 内建多种统计学及数字分析功能，也可以通过安装套件（Packages，用户撰写的功能）增强其他不同功能。同时也因为其基于 S 语言的开发背景，R 比其他统计学或数学专用的程式语言有更强的物件导向（物件导向程式设计、S3、S4 等）功能。

R 的另一强项是绘图功能，分为基础、Lattice、Ggplot2 三大绘图系统，且通过不同套件、语法的组合，在统计分析视图上无论是色彩调整、添加变量，或是增修说明注释等的自由度非常大。常见的统计分析视图如直方图、核密度图、点图、柱状图、箱型图、散点图等，都可以通过 R 实现高质量的绘制（Bivand，2013）。

其中在空间数据分析与可视化方面，R 也有如 Rdgdal、Ggmap、Rgeos、Maptools 等的工具库。结合 R 自身强大的功能且灵活的特点，让用户可以轻松地通过编程的方式对空间数据进行编辑调整、几何运算，乃至绘制地图等。

综上所述，相比于其他统计分析软件，R 语言不仅具有开放、可延展、互动性、免费等特点，同时也展现了强大的绘图功能，是一个集统计分析与图形于一体的优秀工具。

## 5.3 MATLAB

MATLAB 是 MATRIX LABoratory 的缩写，直译为“矩阵实验室”，是 MathWorks 公司于 1984 年推出的（张志涌，徐彦琴，2001）。MATLAB 早期主要用于现代控制中复杂的矩阵、向量的各种运算。MathWorks 公司于 1992 年推出了具有划时代意义的 MATLAB4.0 版本，并推出了交互式模型输入与仿真系统 SIMULINK，它使得控制系统的仿真与 CAD 应用更加方便、快捷，用户可以方便地在计算机上建模和仿真实验。1997 年 MathWorks 推出的 MATLAB5.0 版，允许了更多的数据结构，1999 年初推出的 MATLAB5.3 版在很多方面又进一步改进了 MATLAB 语言的功能。最新的版本是 MATLAB9.8。

功能强大的工具箱是MATLAB的另一特色。MATLAB包含两个部分：核心部分和各种可选的工具箱。核心部分中有数百个内部函数；工具箱又分为两类，即功能性工具箱和学科性工具箱。功能性工具箱主要用来扩充其符号计算功能、图示建模仿真功能、文字处理功能以及与硬件实时交互功能；而学科性工具箱专业性比较强，如控制系统工具箱（Control Systems Toolbox）、系统识别工具箱（System Identification Toolbox）、信号处理工具箱（Signal Processing Toolbox）、鲁棒控制工具箱（Robust Control Toolbox）、最优化工具箱（Optimization Toolbox）等，这些工具箱都是由该领域内学术水平较高的专家编写的，用户无需编写自己学科范围内的基础程序就可以直接进行该学科内的前沿研究（图5-2）。

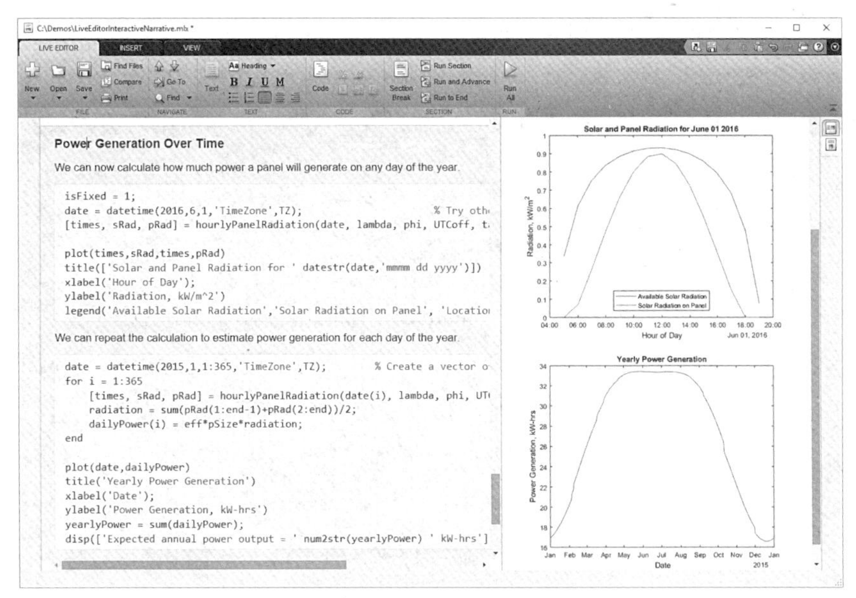


图5-2 MATLAB软件界面

资料来源：https：//www.mathworks.com/

在城市规划和城市研究中，MATLAB可用于解决回归预测、人工神经网络预测、相关分析、模糊综合评价、线性规划、灰色规划、动态规划等方面的问题，已有的应用实例包括交通系统规划、经济发展分析、城市给水排水管网规划、环境评价与环境规划等。其中在城市动态系统建模与仿真方面，Simulink是其中较为广泛使用的扩展工具之一。

Simulink与用户的接口是基于Windows的模型化图形输入，所谓模型化图形输入是指Simulink提供了一些按功能分类的基本的系统模块，用户只需要知道这些模块的输入输出及模块的功能，而不必考察模块内部是如何实现的，通过对这些基本模块的调用，再将它们连接起来就可以构成所需要的系统模型，用户无需书写大量的程序，只要通过简单直观的鼠标操作，就可以构造出复杂的仿真模型，使用户可以把更多精力投入到系统模型的构建而非编程上。Simulink 的最新版本是 Simulink 5.0。

Simulink 的特点包括：①有完整的功能模块库，可用于建立单入单出、多入多出、线性 / 非线性、离散 / 连续 / 混杂及多速率系统，适用面广；②支持矩阵数据类型和线性代数运算；③支持 M 语言和 C 语言方式的功能扩展；④与 MATLAB 紧密结合，可以利用 MATLAB 的数学图形和编程功能，在 Simulink 内完成诸如数据分析、过程自动化、优化参数等工作，工具箱提供的高级的设计和分析能力可以通过 Simulink 的封装手段在仿真过程中执行；⑤交互仿真，Simulink 框图提供了交互性较强的线性 / 非线性仿真环境。

在城市规划和城市研究中，Simulink 能建立线性或非线性模型，能反映模型在发展中设定的各变量的变化情况，研究范围大到整个城市的动力学研究，小至对城市交通系统和河流水质模拟的仿真（樊立萍，等，2005）都有应用的实例。

## 5.4 Repast

Repast 是 Recursive Porous Agent Simulation Toolkit 的缩写，由芝加哥大学的社会科学计算研究中心开发研制，是一种在 Java 语言环境下用于设计基于 Agent 的模拟模型平台，其最初的设计目标是为社会仿真提供一个易于使用、易于扩展且功能强大的仿真工具包，但现在 Repast 已发展成一个通用的多 Agent 仿真平台（姜昌华，等，2006）。

自从 2000 年 1 月 Repast 发布 1.0 版本以来，开发活动一直很活跃。Repast 最初只有 Java 语言的实现版本，从版本 3.0 开始，还提供了 C# 和 Python 语言的实现版本，进一步扩大了 Repast 用户的范围。

Repast 从 SWARM 借鉴了很多设计经验，二者的图形用户界面也很相似，因此被认为是类 SWARM 仿真工具包。Robert Tobias 与 Carole Hofmann 对包括 Repast、SWARM 在内的 4 种多 Agent 仿真工具进行了评价比较，结果表明 Repast 在几乎所有的评分项目上，如文档、建模仿真能力、易用性等都位居第一，其综合得分也最高[①]。Repast 不仅为多 Agent 仿真提供了大量的基础性功能，还为仿真模型的实现提供了一个编程框架。

与 SWARM 相比，Repast 的优势在于：①功能更强大。二者的功能都很强大，但 Repast 在网络结构生成、Agent 的空间关系管理方面更为出色。这使 Repast 更适

① http：//www.nd.edu/~swarm03/Program/Abstracts/ HoweSwarm2003.pdf。

于复杂社会网络、商业网点选择等网状结构系统的仿真。在仿真数据的可视化表现上，Repast 也更具优势，其生成的各种图表清晰、美观。②易用性更好。借助于 Java 语言的跨平台特性，Repast 在多个操作系统上的安装、使用都很容易。③语言基础。Repast 以 Java 作为其实现语言及仿真模型的编程语言，因此仿真模型的实现人员有丰富的编程资源可供参考。而且 Java 语言具有功能强大的支持类库，为 Repast 进一步发展提供了良好的基础（图 5-3）。

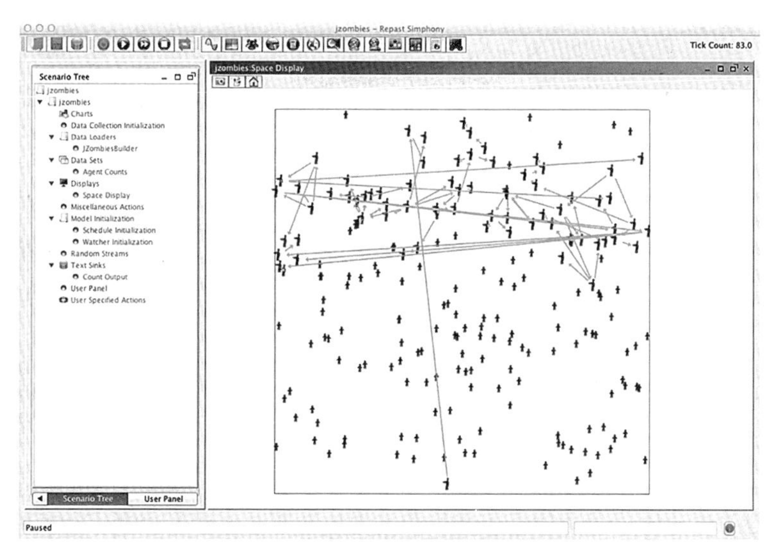


图 5-3 Repast 操作界面

资料来源：https：//repast.github.io/docs/

在城市规划和城市研究中，李新延等（2005）从城市用地演变机制出发，研究建模思路和方法，利用 Repast 软件和 GIS 空间数据库，初步构造了一个模拟城市用地演变的模型。模型由三个主要模块构成：Agent 模块、Main 模块以及 GIS 模块。模型主要实现了两部分功能，一是空间数据的输入、输出及简单的空间数据管理，二是构造了主体，模拟了主体的动态决策过程。

## 5.5 NetLogo

NetLogo 是一个用来对自然和社会现象进行仿真的可编程建模环境，由美国西北大学的 Uri Wilensky 教授在 1999 年发起，由连接学习和计算机建模中心（CCL）负责持续开发。底层语言为 Java 和 Scala，支持在多种操作系统（Mac、Windows、Linux 等）中运行，可用于研究金融、交通、环境、社会等复杂系统领域，世界著名的美国圣塔菲研究所、哈佛大学、剑桥大学等都有专门的实验室从事该项研究。

NetLogo 特别适合对随时间演化的复杂系统进行建模，用户能够向成百上千的独立运行的“主体”（Agent）发出指令。这就使得探究微观层面上的个体行为与宏观模式之间的联系成为可能，这些宏观模式是由许多个体之间的交互涌现出来的。作为一套多主体建模仿真集成环境，NetLogo 主要有以下几方面功能：

建模：模型的基本假设是将空间划分为网格，每个网格是一个静态的 Agent，多个移动 Agent 分布在二维空间中，每个 Agent 自主行动，并使用编成语言定制 Agent 的行为。所有 Agent 在模拟过程中并行异步更新，整个系统随着时间推进而动态变化。

仿真运行：NetLogo 有以下两种方式实现仿真运行，一种是在命令行窗口直接输入命令，另外一种是通过可视化控件进行仿真初始化、启动、停止、调整仿真运行速度等。软件还提供了一组控件，如开关、滑动条、选择器等，用来修改模型中的全局变量，实现仿真参数的修改。

仿真输出：提供了多种手段实现仿真运行监视和结果输出。在主界面中有一个视图（View）区域显示整个空间上所有 Agent 的动态变化，可以进行 2D/3D 显示，在 3D 视图中可以进行平移、旋转、缩放等操作。另外可以对模型中的任何变量、表达式进行监视，可以实现曲线 / 直方图等图形输出，或将变量写入数据文件。

实验管理：NetLogo 提供了一个实验管理工具 BahaviorSpace，通过设定仿真参数的变化范围、步长、设定输出数据等，实现对参数空间的抽样或穷举，自动管理仿真运行，并记录结果。

总体而言，在平台适用性方面，NetLogo 提供了简单且有力的仿真语言、内置图形化接口和各式支持文档，可用于支持在网格环境中具有局部交互的主体系统建模，同时 NetLogo 采用接近自然语言的 Logo 语言，使用者只需使用较为简洁的语句就可以完成一个系统模型，而且平台本身集成了丰富的模型库，更适合于那些缺乏编程经验的人群（陈悦峰，等，2011）。目前已有研究通过此软件探讨步行设施与行人移动仿真模型（李明华，2008）（图 5-4）。

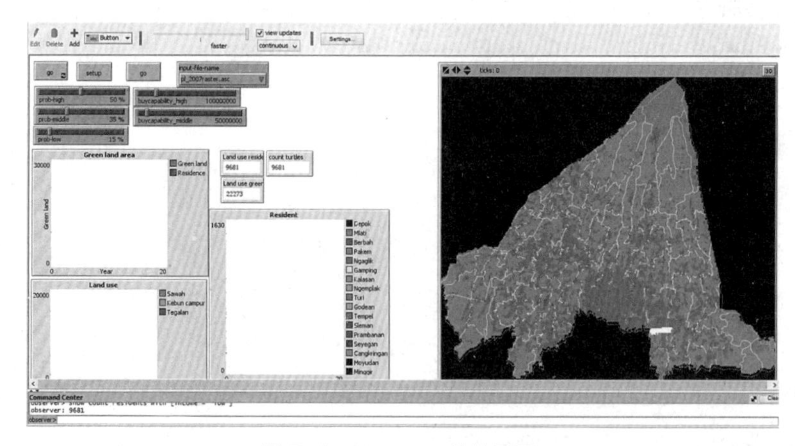


图 5-4　NetLogo 软件界面

资料来源：https：//stackoverflow.com/

## 5.6 CityEngine

Esri CityEngine 是三维城市建模的首选软件，已广泛用于学术研究或构建虚拟环境，例如城市规划、建筑、可视化、游戏开发、电影场景制作、考古学和文化遗产等领域，其主要功能为利用二维数据快速创建三维场景，并能高效地进行规划设计，且其对 ArcGIS 的完美支持，使很多已有的基础 GIS 数据不需转换即可迅速实现三维建模，减少了系统再投资的成本，也缩短了三维 GIS 系统的建设周期（张晖，等，2014）。

CityEngine 最初是由瑞士苏黎世理工学院的帕斯卡尔·米勒（Pascal Mueller）（米勒是 Procedural 公司创始人之一，后来成为 Procedural 公司 CEO）设计研发。米勒在计算机视觉实验室博士研究期间，发明了一种突破性的程序建模技术，这种技术主要用于三维建筑设计，也为 CityEngine 软件的问世打下了基础。

除了快速建立三维模型，该软件还有以下几大特点：

与 BIM 结合：CityEngine 在与建筑信息模型（BIM）相结合后，可以在更大的城市环境中可视化建筑物的数据，从而将其工作场景提升到真正的建筑项目。

动态城市布局：CityEngine 是一个全面的、综合的工具箱，使用它可以快速地创建和修改城市布局；它专门为设计、绘制、修改城市布局提供了独有的模型增长功能和直观的编辑工具，辅助设计人员调整道路、街区、宗地的风貌。

可视化的参数接口设置：提供可视化的、交互的对象属性参数修改面板来调整规则参数值，比如房屋高度、房顶类型、贴图风格等，并且可以立刻看到调整以后的结果。这种参数的调整不会修改规则本身。

集成 Python 环境：编写 Python 脚本，完成自动化的工作流程，比如批量导入模型、读取每个建筑的元数据信息等。

输出统计报表：创建基于规则的自定义报表，用于分析城市规划指标，包括建筑面积、容积率等，报表的内容会根据设计方案的不同自动更新（图 5-5）。

图 5-5　CityEngine 软件界面

资料来源：https：//www.esri.com/

## 5.7 Urban Network Analysis

Urban Network Analysis（UNA）是一款由美国麻省理工学院（MIT）和新加坡技术和设计大学（SUTD）联合组建的城市形态实验室（City Form Lab）所开发的工具包，通过将城市形态具体为城市网络与节点的连接度、通达性等指标，解决具体的规划问题。其分析城市空间的基本思路，是将空间中的建筑出入口、公交站点、目的地等看作空间节点，将步道、车行道等看作边界，进行空间网络的连接度、可达性、辐射范围等网络分析（Sevtsuk，Mekonnen，2012）。

工具包现有 ArcGIS 和 Rhino 两个版本。ArcGIS 版主要用于浏览已有数据，可以方便查询空间要素本身的参数。而 UNA 在 Rhino 中的主要功能分为以下几部分：编辑节点权重、导入导出数据、建立节点与空间网络、空间参数计算以及可视化设置。相比于 ArcGIS 版本，Rhino 版的优势在于运行速度和编辑修改空间要素的方便性，对城市网络设计帮助更大。

UNA 工具包含三个重要特征，使其更适用于城市街道网络的空间分析。第一，工具包可以考虑输入网络中的几何和拓扑，使用度量距离（例如米）或拓扑距离（例如匝数）作为分析中的阻抗因子。第二，与其他仅关注网络元素（节点和边缘）操作的软件工具不同，UNA 工具包括第三个网络元素——建筑物——作为所有测量的空间分析单元。因此，相同街道段上的两个相邻建筑物可以获得不同的可访问性结果。第三，UNA 工具可选择允许建筑物根据其特定特征进行加权，可以指定更多体积、更多人口或更重要的建筑物，以对分析结果产生相应的影响，从而产生更准确和可靠的结果。

在应用层面，UNA 的应用主要包括空间网络分析与优化分析、基础设计布局、基于步行的人流分析等，根据空间尺度的不同可以应用于单独地块或整个城市，但其对于数据的精细程度要求甚高，若缺乏优质开放空间节点和网络数据的支持，会需要投入较多时间、精力在前期的数据清理工作上。总体而言，UNA 的创新之处在于精细化了建筑入口在空间网络中的位置，为城市设计尺度的网络优化提供可能，同时也可让用户自定义节点的属性，并将节点的人流量、居民数等作为权重，放入到空间分析中，为研究城市空间结构及其相关社会、经济和环境的城市设计师、建筑师、规划师、地理学家和空间分析师提供了一项易于扩展、更精细尺度的网络分析工具。已有的相关应用如基于商业活动发生与村落空间网络关系的理解，利用 UNA 预测商业活动发生（陈晓东，2013）；或是通过 UNA 工具包在 ArcGIS 平台中实现对都会地区道路中心性的研究（Liu，et al，2015）（图 5-6）。

图 5-6 UNA 可视化功能

资料来源：http：//cityform.gsd.harvard.edu/

## 5.8 Autodesk Urban Canvas

Autodesk 于 2015 年正式对外发布了 Urban Canvas 软件，主要为城市规划与建筑相关部门提供了多尺度、多功能的整合性工具，可将单个站点乃至于整个城市范围的信息数据库和设计工具整合在一起，目的是为了在该公司长久以来持续发展的建筑信息模型（Building Information Model，BIM）的概念与基础之上，能更进一步扩展针对街区、城市、甚至是区域等大尺度的空间信息模型。

Urban Canvas 原为加州一家名为 Synthicity 的公司所开发的技术，于 2015 年初被 Autodesk 收购，整合其他 Autodesk 既有功能，形成一套专门针对空间模型的软件。Urban Canvas 整合了其他现有工具，例如 GIS 软件、数据库、电子表格以及设计和分析软件工具，使得规划与设计人员可将多模块的任务集成到一个平台上，并通过便捷的操作来进行空间的设计、分析。Urban Canvas 目前更提供了桌面版软件以及云端的数据服务两种版本，支援云端协作与共享功能，让规划项目的各方利益相关者都能参与到方案的制定过程当中，使规划方案能够更有效地进行设计、开发与方案评估。

具体而言，Autodesk Urban Canvas 在功能方面目前主要有以下几点功能：

数据的编辑与管理：针对项目中所涉及的地块、建筑物等数据，可支援用户建立一套专门的共享数据库，便于不同用户进行数据的编辑与维护。

方案的协作与共享功能：通过将共享数据和设计方案存储至云中，以利多方团队进行区域内各次级行政区，或更小分区的计划协作与沟通协调。

全面视角的整合功能：该软件强调了其对方案全面向的整合功能，从全面的区域视角，再到街区乃至各个节点，可有效地协助规划与设计人员全盘地了解背景下的计划和项目。

可视化的多样选择：该软件提供了广泛多元的图表视觉样式，可帮助用户正确地传达空间信息、分析结果与方案内容。

方案的模拟与评估：该软件使用了直观的时间轴、方案模拟等工具，可支援评估同一系统中不同分区、不同开发阶段的方案效益，亦可针对用户自定义的规则、设计指南和特定开发建议进行不同替代方案的模拟。

软件的开源度与扩展能力：将 Urban Canvas 与一系列其他数据分析和模拟工具相结合，例如：开源的城市数据科学工具包（udst.org），更可进一步进行如可步行性（Walkability）、房屋价值预测等的模型分析（图 5–7）。

图 5–7　Urban Canvas 可视化展示案例

资料来源：https：//www.autodesk.com/

## 5.9 MASON（Multi–Agent Simulator of Neighborhoods/Networks）

MASON（Multi–Agent Simulator of Neighborhoods/Networks）是基于 Java 语言所开发的离散事件多主体仿真工具软件，主要针对各种多主体事件进行仿真任务，如群体机器人技术、社会复杂性环境、城市空间仿真等，具有轻量、运算快速、易于理解与编辑，同时支援 2D 和 3D 的运算与可视化等特点。

在 MASON 软件中，不论是连续型、离散型、2D、3D，亦或是网络数据，研究人员皆可便捷地进行编辑和组合，同时提供了强大的可视化与视图工具，可根据用户需要进行缩放、滚动或旋转等动作。此外，通过 MASON 控制台中的播放、停止、暂停和逐步执行等指令，用户还可以选择观察模型数据的不同仿真阶段，并在执行仿真模拟之后快速恢复模型原始状态，有效地帮助用户通过可视化的方式查看、编辑每个阶段的模拟过程。

在城市空间的研究当中，MASON 可被应用于城市交通的仿真模拟，从多主体（如汽车、行人）的角度观察城市空间里的交通流，并协助研究人员模拟出适当的替选方案。城市交通的仿真模拟主要使用 MASON 中的网络工具，将城市道路网络中的交叉点设置为节点、道路为边，而汽车（主体）和交通信号灯则是使用 MASON 的实时估值时间工具来进行模拟设置，根据道路长度和车速，可以进一步模拟出某个具体时间内汽车出现在某一交叉路口的状态。这套模拟工具可以帮助研究人员探索城市空间中的道路网络状态，以及如何最有效地缩短每辆车的平均旅行时间，甚至是评估如何有效地应对突发交通流量（如体育赛事结束后）等状况（图 5-8）。

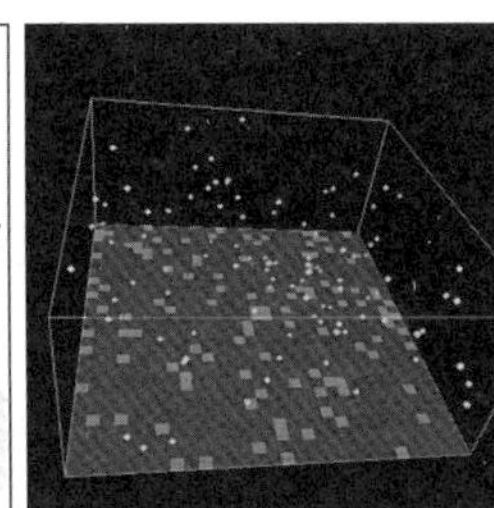
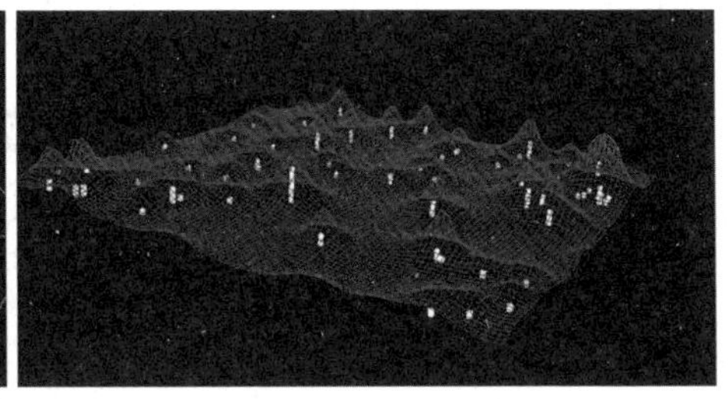

图 5-8 MASON 可视化展示案例

资料来源：Luke，et al.，2005

## 5.10 本章小结

本章整理了在城市模型中几种常见的软件工具，这些工具有各自擅长的分析项目，如：Python、R 等主要着重在空间数据的几何统计分析与可视化，CityEngine、Urban Canvas 擅长全域的空间建模与信息整合，而 Repast、MASON 等则在交通仿真方面有较为完善的功能。同学可针对研究中的数据条件以及所需分析的重点议题选择合适的工具来进行模型的构建，以有效地得出适当的分析结果，推展后续方案的设计与评估。

# 参考文献


[1] Bivand R S，Pebesma E J，G ó mez-Rubio V. 空间数据分析与 R 语言实践 [M]. 徐爱萍，舒红，译 . 北京：清华大学出版社，2013.

[2] Liu Y，Wang H，Jiao L，et al. Road centrality and landscape spatial patterns in Wuhan Metropolitan Area，China[J]. Chinese Geographical Science，2015，25（4）：511–522.

[3] Sean Luke，Claudio Cioffi–Revilla，Liviu Panait，et al. MASON：A Multi–Agent Simulation Environment[J]. Simulation：Transactions of the society for Modeling and Simulation International，2005，82（7）：517–527.

[4] Sevtsuk A，Mekonnen M. Urban network analysis：a new toolbox for measuring city form in ArcGIS[C]. Symposium on Simulation for Architecture & Urban Design. 2012.

[5] 陈晓东 . 基于空间网络分析工具（UNA）的传统村落 旅游商业选址预测方法初探 ——以西递村为例 [J]. 建筑与文化，2013，2：106–107.

[6] 陈悦峰，董原生，邓立群 . 基于 Agent 仿真平台的比较研究 [J]. 系统仿真学报，2011（B07）：110–116.

[7] 樊立萍，于海斌，袁德成 . 城市排污系统对河流水质影响的仿真研究 [J]. 计算机仿真，2005，22（5）：251–255.

[8] 姜昌华，韩伟，胡幼华 . REPAST—— 一个多 Agent 仿真平台 [J]. 系统仿真学报，2006，18（8）：2319–2322.

[9] 李宏旭，杨李东 . 基于 CityEngine 的三维城市规划设计与研究 [J]. 测绘与空间地理信息，2016，39（5）：55–57.

[10] 李明华 . 轨道交通枢纽行人步行设施适应性分析 [D]. 北京：北京交通大学，2008.

[11] 张晖，刘超，李妍，等 . 基于 CityEngine 的建筑物三维建模技术研究 [J]. 测绘通报，2014（11）：108–112.

[12] 张志涌，徐彦琴 . MATLAB 教程——基于 6.x 版本 [M]. 北京：北京航空航天大学出版社，2001.

# 第6章

# 基于元胞自动机的城市模型

## 6.1 CA 模型方法介绍

土地可持续利用是当前世界各国共同关注的话题，体现在土地利用结构性碳减排、保障基本生活福利、提高城市化水平、促进生态安全等方面。我国正在经历社会经济全面提升转型阶段，土地利用结构性矛盾正成为制约我国实现可持续发展的重要瓶颈之一。在这种发展形势下，土地利用规划的重要性日趋明显，制定科学的规划方案是土地利用领域的重要研究课题之一。

在我国城市化建设的新阶段，深入研究城市扩展过程的驱动机制及其演变规律，对于促进土地资源的合理配置，优化城市空间开发格局，实现区域可持续发展等都具有重大的理论和实践意义。

现行土地利用规划编制过程中普遍采用调查的方法，即通过对实际项目用地的调查，规划师在综合权衡的基础上，将各类用地指标落实到具体的地理空间，这种规划行为很大程度上受规划师的经验或认知水平限制。因此，建立定量化的规划布局模型可对规划进行预评估，辅助规划编制的改进。

以元胞自动机（Cellular Automata，CA）为核心技术的地理模拟系统在土地利用空间演化模拟方面具有一定优势。本章将介绍CA在城市空间和土地利用方面的应用。

### 6.1.1 CA 模型概念

传统的基于微分方程的动态或准动态动力学城市模型，往往仅从宏观的空间尺度出发，研究对象也往往是对城市居住区、商业区等的机械划分及其相互作用的关系，或区位选择，无法反映构成城市动态性、自组织性和突变性等城市微观结构和理性人的个体行为。随着以 GIS 为代表的信息技术和复杂性科学的发展，基于人工生命等离散动力学的城市模型是目前的研究重点。

CA 是 1950 年代冯·诺伊曼（Von Neumann）为了构造一个能够自我复制的机器首次提出的，是一个时间和空间都离散的动力系统。CA 包括元胞、元胞状态、邻域和规则四个部分。元胞可以是任何空间尺度上的对象，这些对象必然与某些其他对象相邻；元胞状态用有限组数值描述；规则即状态转移函数，是根据细胞当前状态及其邻域情况决定下一时刻细胞状态的函数；一个元胞下一时刻的状态决定于本身的状态和它邻居元胞的状态，邻居有冯·诺依曼型、摩尔型、扩展的摩尔型、马格勒斯型等。所有元胞根据同样的转移规则进行变换，确定合适的转移规则是元胞自动机模型的关键。

基于自组织理论的 CA 不同于系统动力学模型，它不是由严格定义的物理方程或函数确定，而是用一系列模型构造的规则构成。凡是满足这些规则的模型都可以算作是 CA 模型。因此 CA 是一类模型的总称,或者说是一个方法框架。其特点是时间、空间、状态都离散,每个变量只取有限多个状态。CA 的构建没有固定数学公式,元胞变种多,行为复杂。作为复杂性科学的重要研究工具，CA 模型可以较好地模拟城市作为一个开放的耗散体系所表现出的突变、自组织、混沌等复杂特征（陈干，等，2000）。

总体来说，CA 地理模拟系统具有表现复杂空间行为的优势，已成为应用地理学等学科研究的重要工具，在城市扩展模拟、图像分割、林火蔓延和土地利用变化等领域得到了广泛的应用（王海军，等，2016）。城市扩展是元胞自动机应用的一个热点领域，CA 模型作为动态城市空间模型，从微观角度出发为地理系统模拟提供了一种新的研究视角（周成虎，等，2009），克服了传统静态解析性的城市模型的不足，如中心地模型、空间相互作用模型和系统动力学模型等，特别适合于城市扩展及土地利用变化等复杂系统的模拟。

### 6.1.2 CA 模型的主要建模方法

CA 的特点是通过一些十分简单的局部转换规则，则可以模拟出十分复杂的空间结构。状态转换规则决定了 CA 的模拟能力（Lau，Kam，2005），它往往反映土地利用状态与一系列空间变量的关系，这些变量往往对应着许多参数，这些参数值反映了不同变量对模型的贡献程度。

在城市 CA 模型中，转换规则通常由四部分组成：

（1）全局转换概率（发展适宜性）

全局转换概率是在整个元胞空间起作用的元胞转换概率，它是一系列独立空间作用因子。在空间上，它对整个元胞空间内的每一个元胞的作用都是相同的；在时间上，它在整个模拟过程中都不会发生变化。在设置土地利用转换规则的时候，全局转换概率包括交通条件、水文、地形以及经济状况等所构成的函数，通常可用距市中心的距离、距高速公路的距离、地形高程和坡度等空间变量度量。可以通过建立模糊关系函数，然后用线性权重组合法得到最终的适宜性。

（2）邻域影响概率

某地块的土地利用适宜性除受自身的条件影响外，还受到周围土地利用的影响。因此，需要考虑邻域对中心元胞的作用。邻域影响概率是指邻域元胞对中心元胞转换概率的影响，通常用邻域函数来表示。在元胞自动机模型的运行过程中，元胞空间内所有元胞的状态都有可能发生改变，因而，对某一个元胞而言，其邻域元胞的状态在整个模拟过程中有可能会不断变化，所以该元胞的邻域影响概率也是不断变化的。此外，元胞空间内的每一个元胞的邻域影响概率仅受到其邻域元胞的影响，因而影响范围比较小。

（3）单元约束条件（空间限制因子）

White 等（1997）提出了约束性 CA 模型（Constrained CA）的概念，约束性 CA 可以将各种空间控制规则融入状态转换规则，非常适合做规划情景模拟。约束条件是针对某一个具体的元胞而言的，它是指元胞本身在转换过程中受到的限制性条件，它由元胞自身的属性决定，通常可以理解为元胞适合于某一种状态的适宜性程度。

约束条件主要可以分为空间性约束条件、宏观社会经济约束条件和制度性约束条件。空间性约束条件是指区位因素，如人口密集区、道路等的可达性。在规划布局模拟中，约束条件通常指生态环境敏感性因子，如优质农田、水体、道路、山地等。宏观社会经济约束条件是指宏观经济、人口发展等城市发展的宏观因素，用于控制模拟的城市开发总量，其作用相比侧重于在空间上发生约束作用的近邻、空间性和制度性约束条件，空间特性不明显，一般用于控制城市增长的速度，即 CA 在每一个循环中所转变的元胞数量。制度性约束条件是指政府针对城市开发所制定的城市规划、区划、重点开发区、自然保护政策等。

这些约束条件，在时间上和空间上都较为复杂。其中时间上，在不同时间阶段，约束条件本身的空间分布（如邻域作用的空间分布、道路网分布）或参数大小（如规划所起到的作用）会发生变化，以及约束条件所产生的作用也可能随时间而不同；而在空间上，约束条件的分布没有明显规律，不同区域的约束条件所产生的作用也往往不相同（空间分异）。

（4）随机干扰

城市空间扩展过程中存在各种政治因素、人为因素、随机因素以及偶然事件的影响和干预。因此，为使模型的运算结果更贴近实际情况，反映出城市系统的不确定性，会在 CA 模型中引进随机项。

## 6.2 CA 模型的主要应用

早期的城市 CA 模型主要用来检验城市的发展理论和假设，这些模型大多探讨城市的增长机制，研究城市形态和演化的有关问题，通过对虚拟城市的模拟来说明简单的规则能够产生复杂的城市形态，显示了 CA 在模拟城市增长方面的巨大潜力（Couclelis，1997）。

近些年来，许多学者将 CA 模型更多地应用到真实城市的发展模拟中，对城市扩张、土地利用模式、土地利用变化、城市增长边界（UGB）的划定等方面进行了模拟和长期预测，从而为城市规划提供了参考依据。例如 Clark 和 Gaydos（1998）利用所建立的 SLEUTH 模型，对美国旧金山湾和华盛顿—巴尔的摩地区进行了城市增长的远景模拟，这是对真实城市进行模拟的早期实践；He 等（2006）利用系统动力学和 CA 相结合的方法进行对中国北方 13 省未来 20 年土地利用变化的情景模拟。

## 6.3 典型基于 CA 的城市模型之一 —— 未来土地利用变化情景模拟模型（FLUS）

### 6.3.1 模型方法与框架

大部分城市模型常常单独训练和估计各种土地利用类型的转换概率，忽略了各土地利用类型间的联系，难以体现土地类型间的竞争及相互作用。由刘小平等（2017）提出的基于 CA 及“自适应惯性竞争机制”的未来土地利用变化情景模拟模型（Future Land-Use Simulation，FLUS）能够较好地解决以上问题，且与其他模型相比具有操作方便、精度较高等优势。

FLUS 模型是一种改进的 CA，它是在系统动力学（System Dynamics，SD）模型和元胞自动机模型的基础上整合人工神经网络（Artificial Neural Networks，ANN）算法和轮盘赌（Roulette wheel selection）选择机制建立的，其框架如图 6-1 所示。其中的 SD 模型用于在研究区预测多种社会经济和自然环境等驱动因素下的未来土地需求，而 CA 模型分为两部分。

一是基于人工神经网络的出现概率模拟（ANN-based Probability of Occurrence Estimation）模块。ANN 是一种受生物神经网络启发的机器学习模型，属于非线性动力系统，能够较好地实现非线性函数逼近，具有自学习、自组织、自适应的特点，可以有效融合不同数据类型，实现多变量、复杂信息的并行处理。因此它可以协同整合自然、社会、经济等多类驱动因子（Driving Data），并结合土地利用现状模拟在预设情景下各土地类型的适宜性分布概率，从而建立起不同用地类型同驱动因子之间的关联（黎夏，叶嘉安，2005）。

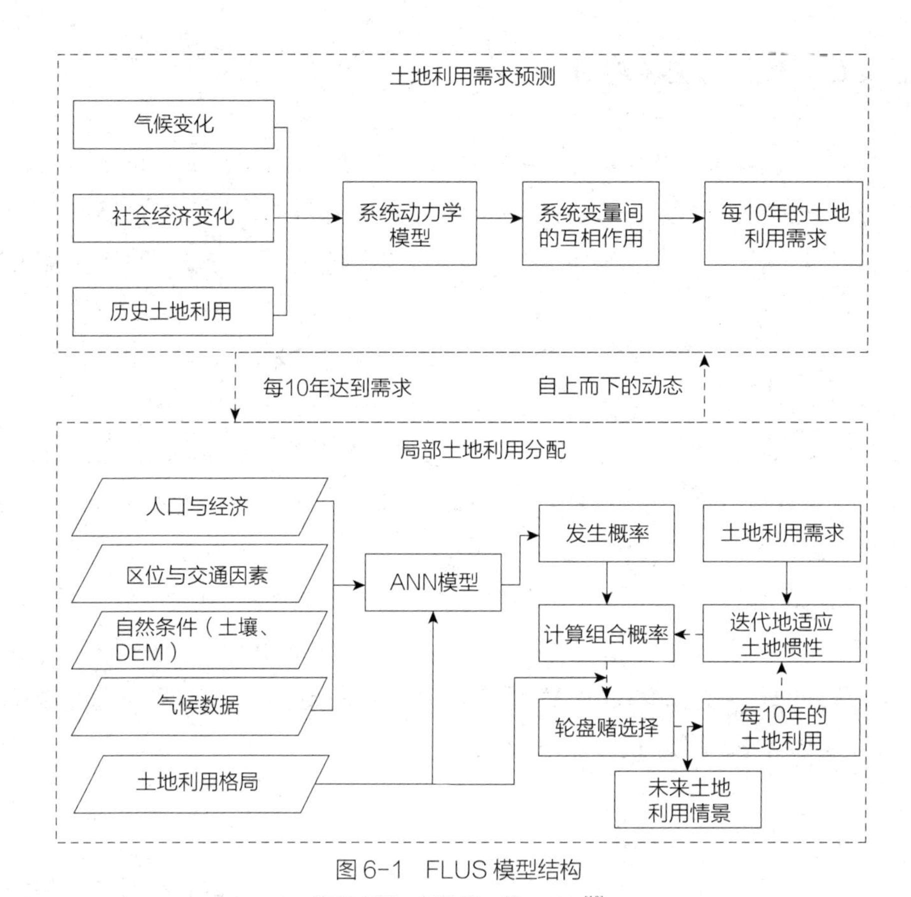


图 6-1　FLUS 模型结构

资料来源：赵林峰，等，2020[10]

二是自适应惯性竞争元胞自动机（Self-Adaptive Inertia and Competition Mechanism Cellular Automata）模块，用于解决不同土地利用类型转换时的复杂性和不确定性，从而实现较高精度的土地利用变化模拟。其中的轮盘赌机制用于确定元胞在下一时刻是否发生用地类型的转换（赵林峰，等，2020）。

### 6.3.2　模型数据

模型参数（邻域权重、转换规则、未来像元量）的合理性以及驱动因子的代表性是影响 FLUS 模型整体精度的两个重要方面。驱动因子作为影响土地扩张强度、导致土地利用变化的基础，它的合理性及代表性对模型精度有着同等重要的意义。驱动因子一般从两个方面影响着模拟的精度及合理性：模拟逻辑方面，驱动因子直接影响着各土地类型的适宜性概率分布；土地扩张强度方面，驱动因子作用强度和种类的差异极大地影响着土地的扩张能力。因此，模拟精度的提升既要保障模型参数合理化，还要确保驱动因子选择的科学性。

利用 FLUS 模型进行土地利用变化预测所需的常用数据见表 6-1。经 ArcMap 处理将所有数据格式统一为 tif 格式，使之符合 FLUS 模型的格式要求。

FLUS 模型常用数据　　表 6–1

| 数据类型 | 数据内容 |
| --- | --- |
| 土地利用现状数据 | 包括城镇用地、其他建设用地、耕地、林地、其他农用地、水域及未利用地等类别 |
| 城市发展自然因子 | 地形条件：高程、坡度 |
|  | 生态条件：自然保护区、风景名胜区、河流及滩涂水域分布等）作为空间发展的限制条件 |
|  | 气候条件：年均降水、气温等 |
| 城市发展社会因子 | 区位条件：距市中心、城镇中心、机场、港口、火车站、河流、高速公路、铁路及一般道路的距离等 |
|  | 人口空间分布数据 |
|  | 夜间灯光强度 |
| 城市发展经济因子 | GDP |

资料来源：作者自绘

针对土地利用系统中多种土地利用类型间转变的复杂性，FLUS 模型采用了能够有效处理非线性关系的人工神经网络（ANN）模型分析多种土地利用类型转换概率，并基于 CA 模型进行城镇用地空间配置。步骤大致为：

（1）基于历年社会经济统计数据（如人口、GDP、工业生产总值等数据）、资源承载力、城镇建设用地的现状等情况，以系统动力学模型拟合得到未来年份土地预测规模。

（2）采用随机森林算法对城市发展驱动因子（主要包括社会经济、交通、区位条件、基础设施以及自然条件等方面的因素）的重要性进行度量，定量分析近十年来这些影响因素对城市发展的重要性，然后根据他们的重要性程度，选取重要性较高的因素作为模拟未来城市发展的空间变量。

（3）根据第一步中得到的城镇建设用地规模预测值，叠加约束限制条件（如基本农田保护区与生态保护红线等）并结合多个空间变量，通过神经网络算法挖掘城市发展的驱动因子与城市用地分布的历史规律及映射关系，获取城市用地发展概率，从而确定土地利用的动态变化。

（4）建立城市用地发展概率条件下的元胞自动机模型，同时配合未来多时段政策、规划要素数据，模拟及划定未来城镇建设用地。为更真实地模拟城市发展状况，在模拟未来城市发展时，模型结合各种约束条件（生态控制线、基本农田、水源保护区、历史文化保护区、自然灾害影响范围等），考虑方式为在模型中增加随机种子、轮盘赌法确定转换概率等。CA 的停止迭代条件为模拟土地利用的规模到达系统动力学预测的未来城市规模。

### 6.3.3 模型应用场景

FLUS 模型可以很好地用于自然、社会、经济等多种驱动力作用下的土地利用变化情景模拟，已经被广泛应用于城市土地利用变化模拟、城市增长开发边界划定、生态红线划定、基于全球和中国尺度的土地利用模拟、多情景下土地利用模拟等。

近年来，FLUS 模型较多地被用于与“双评价”结果相结合进行未来城市空间模拟。罗伟玲等（2019）提出将资源环境承载力与城镇空间开发适宜性“双评价”结果（图 6–2）与未来土地利用模拟（FLUS）模型相耦合，在综合考虑城市发展潜力及基础上划定城镇开发边界（图 6–3）。该结果可以引导城镇拓展避开资源环境承载力超载的区域，以及引导城镇空间在适宜性较高的区域发展，从而促进城镇空间的科学扩张和精明增长，以实现“双评价”对城镇开发边界的管控作用。

此外，赵林峰等（2020）提出了一种基于地理分区和 FLUS 模型的城市扩张模拟模型，利用多指标数据进行空间聚类，通过分区模拟了珠江三角洲 2005~2015 年城市土地利用变化，证明了分区能有效地提高模拟精度。王家丰等（2020）基于 FLUS 模型研究了轨道交通对城市土地格局的影响（图 6–4、图 6–5），证明了 FLUS 能够准确模拟不同情景下未来土地利用格局，并为规划和政策调整提供高可信空间数据。

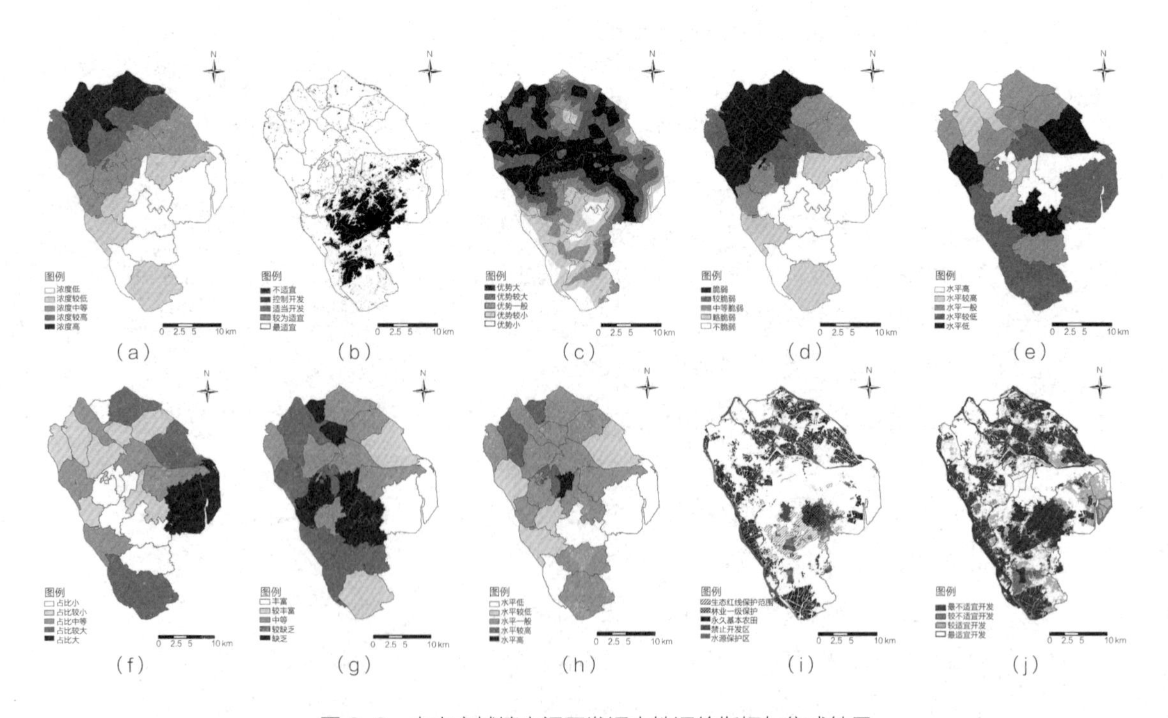


图 6–2 中山市城镇空间开发适宜性评价指标与集成结果

（a）大气污染程度评价；（b）地形地势评价；（c）交通优势评价；（d）生态系统脆弱性评价；（e）经济发展水平评价；（f）水域面积占比评价；（g）可利用土地评价；（h）人口聚集度评价；（i）空间开发负面清单；（j）城镇空间开发适宜性评价集成结果

资料来源：罗伟玲，等，2019

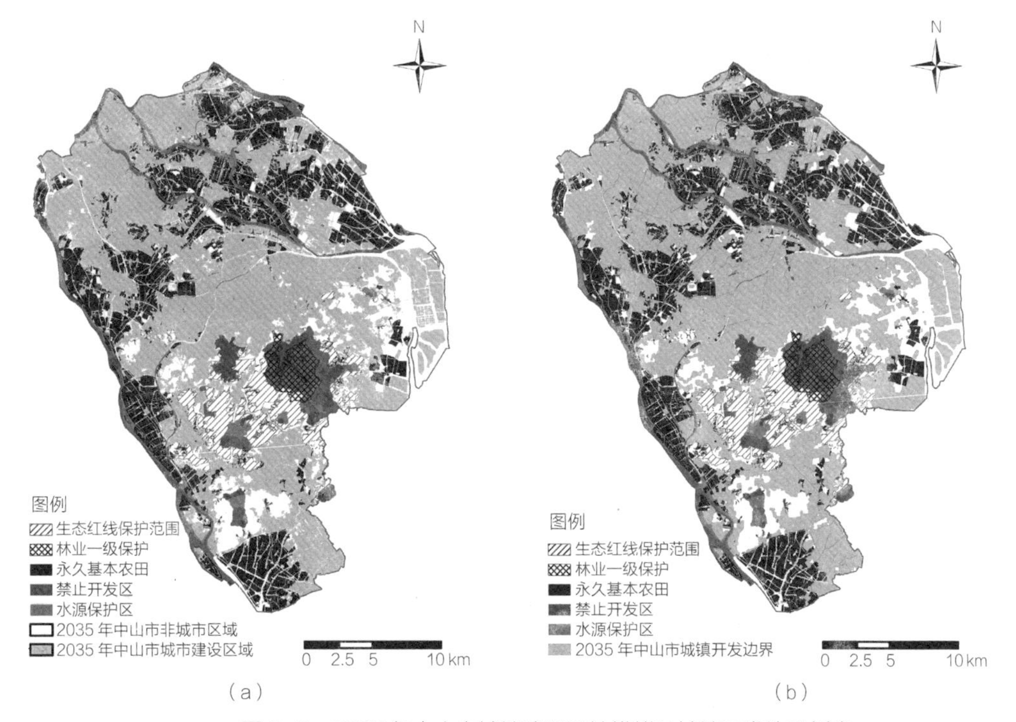


图 6-3 2035 年中山市城镇建设用地模拟及城镇开发边界划定

（a）2035 年中山市城镇建设用地模拟；（b）2035 年中山市城镇开发边界划定

资料来源：罗伟玲，等，2019

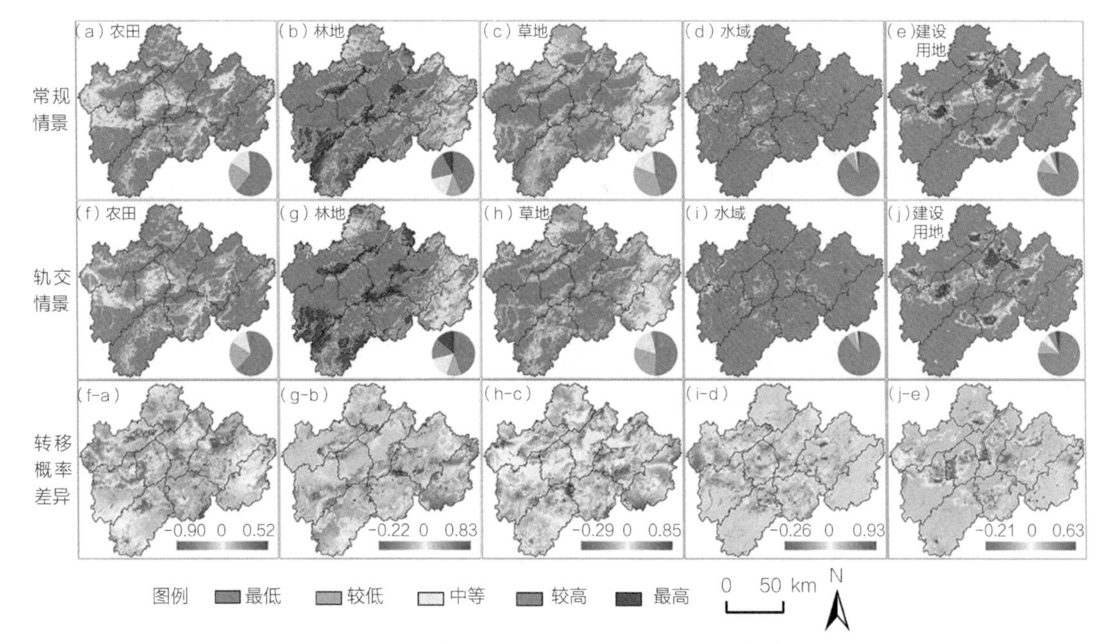


图 6-4 不同情景下各土地利用转移概率及其统计分布

资料来源：王家丰，等，2020

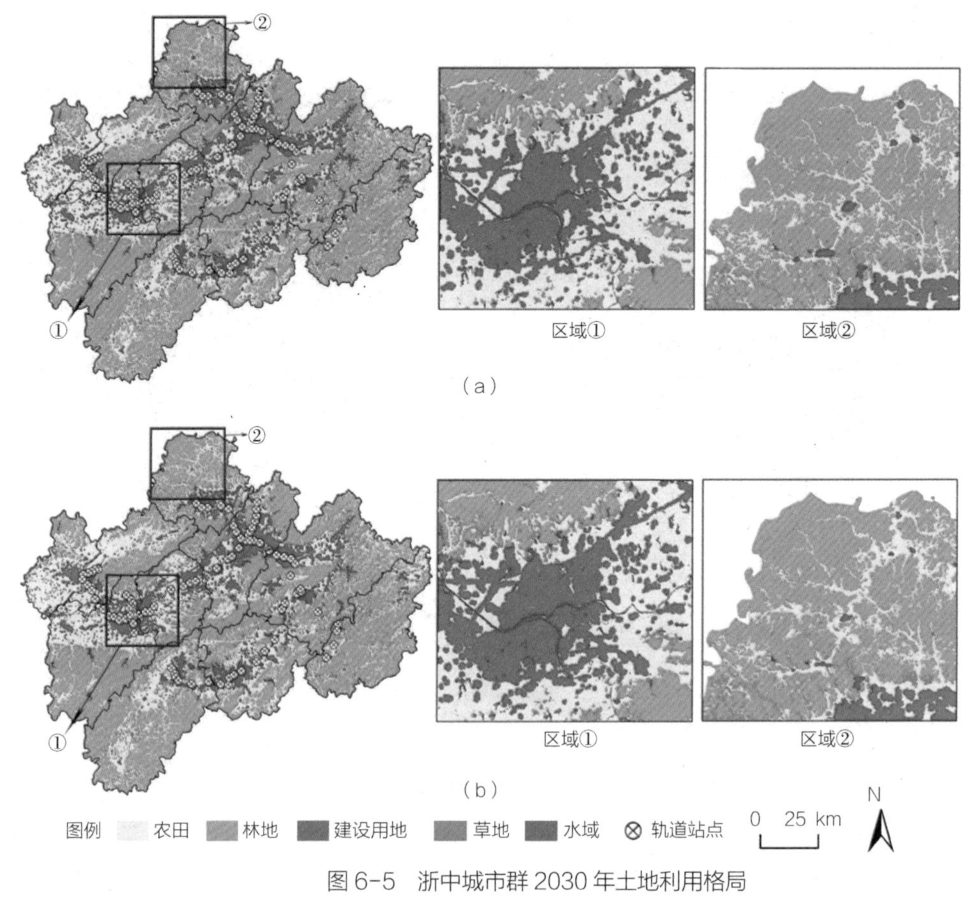


图 6-5 浙中城市群 2030 年土地利用格局

（a）常规情景（BAU-2030）;（b）轨交情景（RTS-2030）

资料来源：王家丰，等，2020

## 6.4 典型基于 CA 的城市模型之二 —— 北京城市空间发展分析模型（BUDEM）

### 6.4.1 模型方法与框架

北京城市空间发展分析模型（BUDEM）是基于元胞自动机和个体系统模拟（Agent Based Modelling，ABM）的用于模拟北京城市空间增长、具体规划方案制定以及区位选择的时空动态的城市模型。

参考中国城市增长的现实特点，即既受到宏观层面上政府的控制，也有为微观层面的自发增长。北京城市空间发展分析模型（BUDEM）的模拟思路总体上分为两个步骤：首先在宏观上由政府（或开发商）根据宏观社会经济条件确定每一阶段的待开发土地的总量（社会经济因素作为外生变量引入模型）；之后在微观上采用 CA 的方法考虑各种约束条件，模拟城市增长，基于模拟结果进行拟开发总量的空间分配（Allocation），给出与开发总量相对应的土地的空间分布（图 6-6）。

BUDEM模型建立的基本假设为：①城市是一个复杂适应系统，可采用自下而上的方法进行城市空间增长的模拟；②城市增长的驱动力分为促进增长因素和限制增长因素两类，同时也可分为市场驱动和政府引导两类，并且这些因素的影响随距离衰减；③历史的规律适用于预测同样趋势的未来；④可在基准空间增长情景（即延续历史发展趋势）的基础上，根据发展模式的不同生成不同的其他情景。

根据以上逻辑框架，基于CA建立BUDEM模型，其基本要素如下：

（1）元胞空间（Lattices）：北京市域，16410km²（可根据需要调整模拟范围）。

（2）元胞（Cells）：500m×500m，65628个。

（3）状态变量（Cell States）：$V$=1（城镇建设用地），$V$=0（非城镇建设用地）。

（4）转换规则（Transition Rules）：多属性分析（Multi-criteria Evaluation，MCE）。

（5）邻域（Neighborhoods）：摩尔邻域（Moore邻域，3×3矩形、8个邻近元胞）。

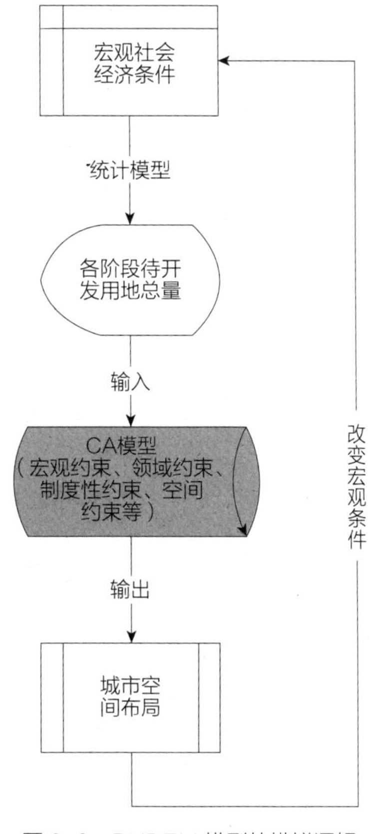


图6-6 BUDEM模型的模拟逻辑

资料来源：作者自绘

（6）离散时间（Discrete Time）：1 Iteration=1 Month。

BUDEM的概念模型如式（6-1）所示，总体上元胞的状态受宏观社会经济约束、空间约束、制度性约束和邻域约束影响。BUDEM只模拟非城镇建设用地向城镇建设用地的转变，逆向过程不模拟，也不考虑城市再开发过程。

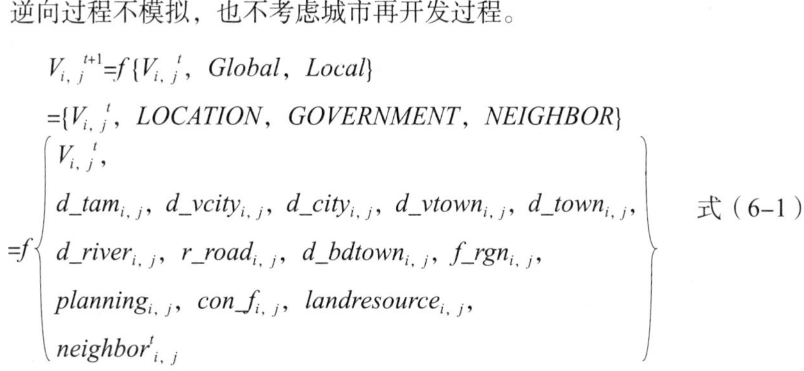

$$V_{i,j}^{t+1}=f\{V_{i,j}^{t}, Global, Local\}$$
$$=\{V_{i,j}^{t}, LOCATION, GOVERNMENT, NEIGHBOR\}$$
$$=f\left\{\begin{array}{l} V_{i,j}^{t}, \\ d\_tam_{i,j}, d\_vcity_{i,j}, d\_city_{i,j}, d\_vtown_{i,j}, d\_town_{i,j}, \\ d\_river_{i,j}, r\_road_{i,j}, d\_bdtown_{i,j}, f\_rgn_{i,j}, \\ planning_{i,j}, con\_f_{i,j}, landresource_{i,j}, \\ neighbor^{t}_{i,j} \end{array}\right\} \quad 式（6-1）$$

式中：$V_{i,j}^{t}$为$t$时刻的$ij$位置的元胞状态；$V_{i,j}^{t+1}$为$t$+1时刻的$ij$位置的元胞状态；$f$为元胞的状态转换函数（转换规则）。

BUDEM作为一种基于规则的模型（Rule-based Modelling，RBM），是通过对宏观参数、各个空间变量的权重系数和空间变量本身进行调整实现城市增长模拟的，其中宏观参数用于控制城市空间增长速度（即宏观社会经济约束），权重系数的大小表示相应政策的作用（或实施）的强度 / 显著性，如限制、鼓励等，而参数自身的空间分布表示空间发展政策的作用范围，即规划方案 / 实例（Scenario）。BUDEM 包括的空间变量及其对应的政策见表 6-2。

BUDEM 模型中，状态转换规则充分考虑了约束条件的时空复杂性，集成了宏观社会经济约束条件、邻域约束条件、空间性约束条件和制度性约束条件，采用 MonoLoop 方法对邻域作用的复杂影响进行识别，并考虑了城市规划、限建区规划等制度性约束条件，利用 Logistic 回归的方法对制度性约束在历史城市增长中所起到的客观作用进行了识别。

基于所建立的 CA 状态转换规则，BUDEM 的模拟流程如图 6-7 所示。首先设置模型的环境变量、空间变量及相应权重系数，并基于宏观社会经济条件计算不同时间阶段的 *stepNum* 参数，在 CA 环境中计算土地利用适宜性、全局概率和最终概率等变量，最后在 Allocation 过程中采用循环的方式进行元胞的空间识别，完成一个 CA 离散时间的模拟。根据模拟的目标时间，确定循环次数，CA 模型不断循环（多次的 Allocation 过程），最终完成整个模拟过程。

BUDEM 模型的空间变量及对应政策一览　　表 6-2

| Type（类型） | Name（名称） | Value（值） | Description（说明） | Policy（政策） |
|---|---|---|---|---|
| LOCATION（空间约束） | d_tam | ≥ 0 | 与天安门的距离 | 中心地区发展政策 |
| | d_vcity | ≥ 0 | 与重点新城的距离 | 重点新城发展政策 |
| | d_city | ≥ 0 | 与新城的距离 | 新城发展政策 |
| | d_vtown | ≥ 0 | 与重点镇的距离 | 重点镇发展政策 |
| | d_town | ≥ 0 | 与一般镇的距离 | 一般镇发展政策 |
| | d_river | ≥ 0 | 与河流的距离 | 滨水开发政策 |
| | d_road | ≥ 0 | 与道路的距离 | 沿路发展政策 |
| | d_bdtown | ≥ 0 | 与乡镇边界的距离 | 行政界线影响政策 |
| | f_rgn | 0~1 | 京津冀区域的吸引力 | 区域影响政策 |
| GOVERN-MENT（制度性约束） | planning | 0 1 | 城市总体规划用地类型 | 城市规划政策 |
| | con_f | 0 1 | 是否为禁止建设区 | 生态保护及风险避让政策 |
| | landresource | 1 2 3 4 5 6 7 8 | 针对农业用地适宜性的土地等级 | 优质农田保护政策 |
| NEIGHBOR（邻域约束） | neighbor | 0~1 | 邻域内的城市建设元胞数目 /8 | 紧凑发展政策 |

资料来源：作者自绘

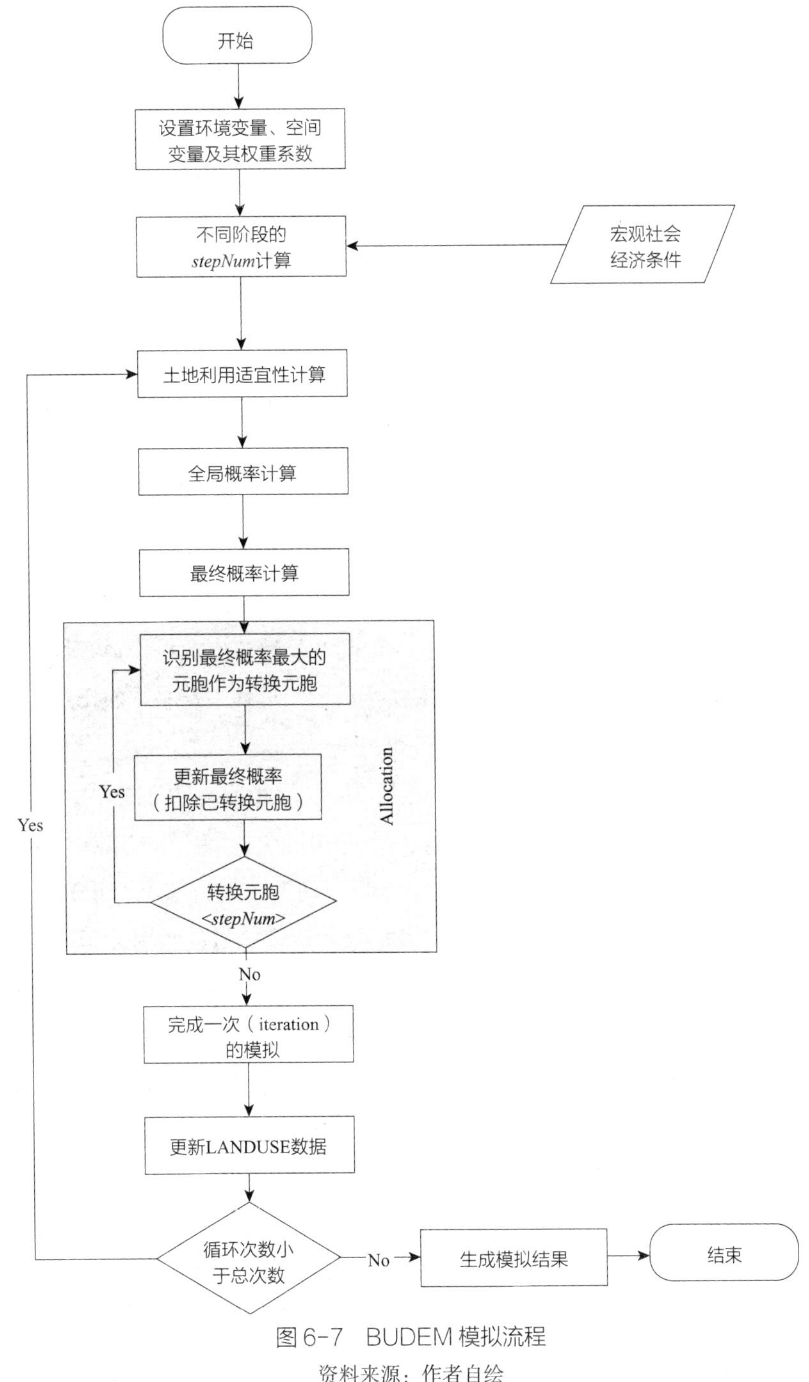


图6-7　BUDEM模拟流程

资料来源：作者自绘

### 6.4.2　模型数据

BUDEM模型主要涉及8类基础数据：土地利用（LANDUSE）、限建分区（CONSTRAIN）、土地等级（LANDRESOURCE）、区位（LOCATION）、城市规划（PLANNING）、边界（BOUNDARY）、政策区（POLICYZONE）和宏观社会经济

（SOCIO-ECONOMIC）。空间数据都位于北京市域内，市域边界之外的数据统一为NODATA，格式统一为ESRI的单一band的GRID，空间参考相同（空间数据的数据精度最低为500m，同时考虑到BUDEM模型主要用于区域发展的宏观模拟，因此元胞大小选为500m，所有原始数据因此都重采样为该精度）。

（1）LANDUSE数据解译自1986、1991、1996、2001和2006年的TM影像（精度为30m，重采样为500m），土地利用类型分为六类，城镇建设用地、农村建设用地、农地、林地、水域和未利用地，landuse变量对应于该数据，为城镇建设用地为1，否则为0。

（2）CONSTRAIN数据用于表征不同空间对城镇建设的限制程度，考虑110多项自然资源保护和风险规避要素对城市建设的复杂约束条件，并结合现有的法律、法规和规范等，将市域划分为禁止建设区、限制建设区和适宜建设区（龙瀛，等，2006），con_f变量对应禁止建设区。该数据的精度为100m，重采样为500m。

（3）LANDRESOURCE数据用于表征市域土地的农业适宜性，根据北京市计划委员会国土环保处（1988）将土地分为一类地到八类地，农业耕作适宜性依次降低，landresource变量对应于该数据。鉴于北京在城市增长过程中与基本农田的矛盾较大，因此引入该数据。该数据的精度为200m，重采样为500m。

（4）LOCATION数据，用于表征市域不同地区的区位条件（或开发适宜性，这一数据已分配至各个元胞），主要包括与各类城镇中心（天安门、重点新城、新城、重点镇、一般镇）、道路（到城市主干路层次）、河流（到二级河流层次）、乡镇边界的最近距离①以及京津冀吸引力（京津冀区域对研究区域的吸引力）。基于各类区位要素（点、线）空间分布的GIS图层，采用ESRI ArcGIS的Spatial Analyst模块的Distance/Straight Line命令，可以获取相应的区位数据（距离）。对于京津冀吸引力f_rgn变量，根据城市空间相互作用理论，采用潜力模型（Potential Model）计算京津冀区域内各区县对北京市域不同元胞的吸引力（党安荣，等，2002；Weber，2003），以此表征研究范围之外的区域对北京城市空间增长的影响（该变量为GRID格式，包括每个元胞所受到的京津冀区域的吸引力）。

（5）PLANNING数据包括自北京1958年行政区划调整形成目前的市域范围以来，北京市域范围内开展的五次总体规划，1958、1973、1982、1992和2004年（北京市规划委员会，等，2006），土地利用类型分为城镇建设用地和非城镇建设用地；planning变量对应于该数据，其中规划城镇建设用地为1，其余为0。

（6）BOUNDARY数据用于表征北京市域范围内的不同级别的行政边界、环路边

① 直线距离在宏观阶段可以选用，如果研究范围缩小、研究精度增大，则可以考虑细化道路等级，并引入轨道交通站点、快速路出入口、高速公路出入口等要素，以及时间因素。

界、生态功能区边界、流域边界等，用于状态转换规则的空间分异，进而实现在不同区域采用不同的状态转换规则，d_bdtown 变量为基于其中的乡镇行政边界并采用 ESRI ArcGIS 的 Spatial Analyst 模块的 Distance/Straight Line 命令获得。

（7）POLICYZONE 数据用于表示在 PLANNING 数据中没有表达的拟重点开发的地区，目前在模型中设定北京大兴区南部的首都第二国际机场备选区域为 POLICYZONE。该数据可在相应的模拟阶段将其空间范围代入 landuse 变量，作为新增的城镇建设用地，以达到模拟该政策的作用。

（8）SOCIO-ECONOMIC 数据主要摘自北京市统计局（1999）自 1952 以来各年北京的人口、资源、环境、经济和社会等方面的统计数据，主要用于建立宏观层次的城镇建设用地总量（或历年增量）与各宏观指标的关系。

### 6.4.3 模型应用场景

作为城市空间形态模拟的平台，BUDEM 模型可以基于对历史阶段的分析识别模型参数，给出实现规划空间布局的政策参数，并可以模拟不同约束条件作用下的城市增长情景，进而给出反映不同规划政策控制力度的城市空间形态，辅助北京城市规划的实践工作。

在应用方面，BUDEM 模型基于 2004 年国务院批复的《北京城市总体规划（2004 年—2020 年）》，即 2020 年北京规划空间布局方案，进行了城市空间形态模拟，得到了最佳的模型参数，模拟结果如图 6-8 所示（BEIJING2020 基准情景），从空间分布上可以看出模拟的结果与规划方案的匹配程度较高。通过对回归获取的系数与不同历史阶段的回归系数进行对比，进而可以进行空间政策方面的对比，可以得出

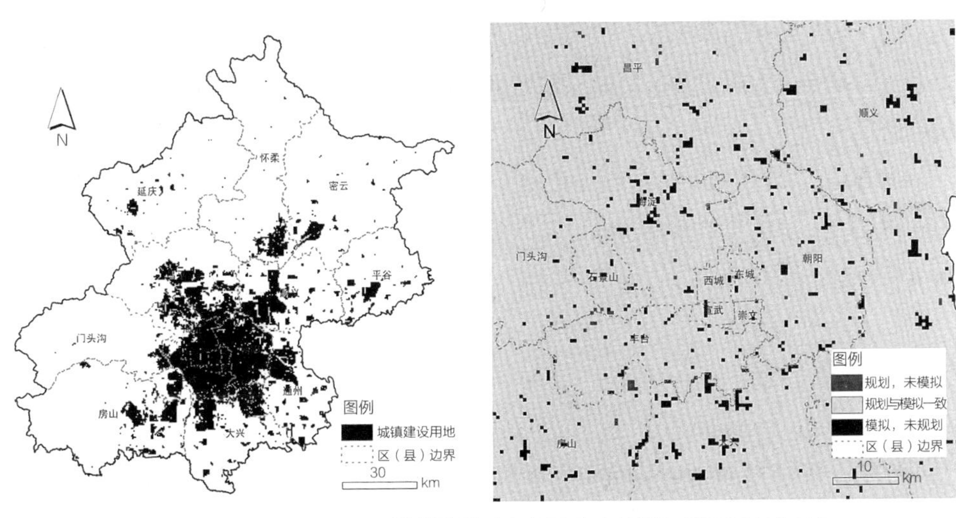


图 6-8 BEIJING2020 模拟结果（左）及中心地区与规划对比（右）

资料来源：作者自绘

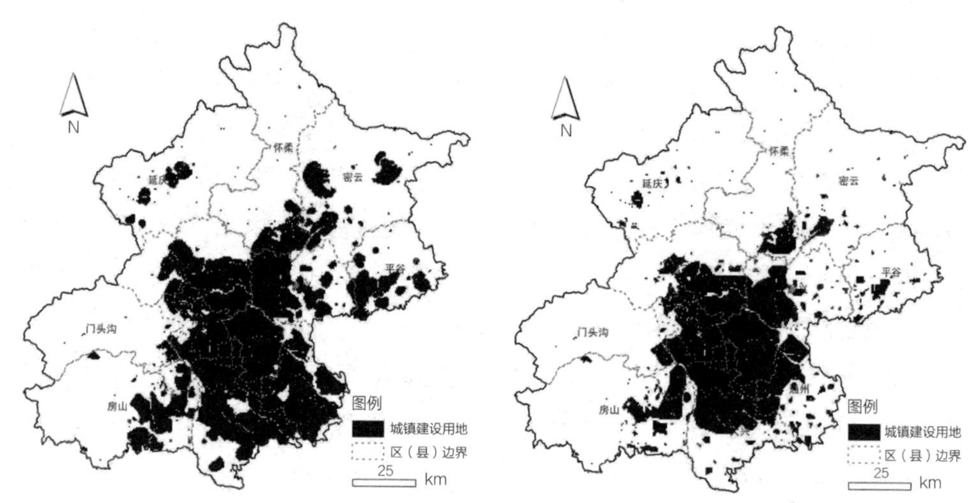


图 6-9　BEIJING2049 人口高速增长情景模拟结果（左）及蔓延情景模拟结果（右）
资料来源：作者自绘

需要怎样的政策才可以保障这一规划方案的实现，如果现行的政策与所需政策不符，则可以给出相应的调整建议。

此外，BUDEM 模型还用于对 2049 年北京的城市空间形态进行了不同约束条件下的情景分析（图 6-9），包括：

（1）宏观政策情景模拟。该类情景考虑到了宏观政策对城市增长速度的影响，如人口发展、经济发展等。

（2）规划方案情景模拟。该类情景考虑到了新的规划方案对城市空间增长格局的影响，如调整城镇中心的位置、路网布局、控制发展区范围等，以改变空间政策有效作用的空间范围。

（3）规划政策情景模拟。该类情景通过调整各空间变量的权重系数，进而改变相应空间政策的实施力度，例如模拟城市蔓延情景、可持续发展情景、新城促进发展情景等。

此外，还可以将 BUDEM 模型应用于北京市的其他规划管理和规划编制的实践，如南城复兴、总体规划实施评价、二机场选址等研究，模拟不同的空间发展政策对城市空间增长的影响。

## 6.5　本章小结

元胞自动机（Cellular Automata，CA）具有强大的空间运算能力，能有效地模拟复杂的城市系统。由于其广泛的适用性、简单性、易于实现性和并行计算性等特点，CA 模型在城市和区域土地利用变化模拟中有着广泛应用。

未来土地利用变化情景模拟模型（Future Land-Use Simulation，FLUS）是在CA和系统动力学（System Dynamics，SD）模型的基础上整合人工神经网络（Artificial Neural Networks，ANN）算法和轮盘赌（Roulette Wheel Selection）选择机制建立的。相较于CA，FLUS模型可以体现土地类型间的竞争及相互作用，已经被广泛应用于城市土地利用变化模拟、城市增长开发边界划定、生态红线划定、基于全球和中国尺度的土地利用模拟、多情景下土地利用模拟等。

BUDEM通过对宏观参数、各个空间变量的权重系数和空间变量本身进行调整实现城市增长模拟，其状态转换规则充分考虑了约束条件的时空复杂性。作为城市空间形态模拟的平台，BUDEM直接面向北京城市规划的实践工作，可以用于模拟宏观政策、规划方案、城市空间发展策略等，是对CA在超大城市城市规划部门应用的可能性和实际效果的有力尝试。此外，在考虑的城市发展因素方面，BUDEM模型引入了复杂环境约束、城市规划等其他CA城市增长模型少有考虑并体现中国城市发展特色的制度性约束的研究视角。

## 参考文献

[1] 陈干，闾国年，王红．城市模型的发展及其存在问题[J]. 经济地理，2000（05）：59-62，71.

[2] 王海军，夏畅，刘小平，等．大尺度和精细化城市扩展CA的理论与方法探讨[J]. 地理与地理信息科学，2016，32（05）：1-8.

[3] 周成虎，欧阳，马廷，等．地理系统模拟的CA模型理论探讨[J]. 地理科学进展，2009，28（6）：833-838.

[4] Lau K H，Kam B H. A cellular automata model for urban land-use simulation[J]. Environment and Planning B：Planning and Design，2005，32（2）：247-263.

[5] Couclelis，H. From Cellular Automata Models to Urban Models：New Principles for Model Development and Implementation[J]. Environment and Planning B，1997，24：165-174.

[6] Clark，K.C. and Gaydos，L.J. Loose-Coupling a Cellular Automation Model and Gis：Long-Term Urban Growth Prediction For San Francisco and Washington/Baltimore[J]. Geographical Information Sciences，1998，12（7）：699-714.

[7] He，C.，Okada，et al. Modeling urban expansion scenarios by coupling cellular automata model and system dynamic model in Beijing，China[J]. Applied Geography，2006，26：323-345.

[8] Liu X P，Liang X，Li X，et al. A future land use simulation model（FLUS）for simulating multiple land use scenarios by coupling human and natural effects[J]. Landscape and Urban Planning，2017，168：94-116.

[9] 黎夏，叶嘉安．基于神经网络的元胞自动机及模拟复杂土地利用系统[J]. 地理研究，2005，24（1）：19-27.

[10] 赵林峰，刘小平，刘鹏华，等 . 基于地理分区与 FLUS 模型的城市扩张模拟与预警 [J]. 地球信息科学学报，2020，22（03）：517-530.

[11] 罗伟玲，吴欣昕，刘小平，等 . 基于“双评价”的城镇开发边界划定实证研究——以中山市为例 [J]. 城市与区域规划研究，2019，11（01）：65-78.

[12] 王家丰，王蓉，冯永玖，等 . 顾及轨道交通影响的浙中城市群土地利用多情景模拟与分析 [J]. 地球信息科学学报，2020，22（03）：605-615.

# 第 7 章

# 基于多智能体的城市模型

## 7.1 背景

以往城市建模主要借助经验分析和数学模型等手段“自上而下”地构建宏观模型，但在揭示城市中大量复杂现象和动态机制方面有所欠缺。城市作为复杂的自适应系统，由若干个城市空间中的地块、居民、公司等个体构成，“自下而上”的微观模拟适合研究城市空间问题，同时公众参与、社会公平等要求也与微观模拟的需求不谋而合。随着复杂适应系统（Complex Adaptive System，CAS）理论、地理信息系统（Geographical Information Systems，GIS）及计算机建模技术的发展，对于城市模型的研究也由对城市系统整体运行机制的宏观模拟逐渐深入到对城市子系统或系统单元等方面的微观模拟。微观模拟和宏观模拟的区别主要在于基本研究对象，宏观模拟一般以行政区、行业、交通小区、统计小区等作为基本研究对象，而微观模拟则以个人、家庭、企业、建筑物、邻里单元、地块等微观个体作为基本研究对象。

微观尺度的城市建模能够通过个体层面的描述、分析和模拟，展现出由个体间相互作用和相互影响而产生的群体效应，更能够反映人居环境科学的“五个基本前提”，如“人居环境科学的核心是人”“人居环境是人类与自然之间发生的联系与作用”等；同时也更容易反映人居环境科学的“五个层次”，特别是社区和建筑层次。因此，微观尺度的城市建模可以作为研究城市空间环境的重要技术手段，用于分析城市这个复杂巨系统，并在此基础上辅助城市空间问题解决方案的制定和评价。除了第 6 章介绍的元胞自动机（Cellular Automata，CA）之外，多主体系统（Multi-agent System，MAS）也是目前基于微观模拟的典型研究方法。由于 MAS 具有“自下而上”

的研究思路及强大的时空动态特征分析和计算功能，在模拟复杂的城市空间现象方面具有比较突出的优势（刘小平，等，2006）。MAS 将城市空间中各类主体之间及主体和城市环境之间联系起来，一方面能够支持城市微观模拟过程中的主体之间及主体和环境之间的交互行为，有效地加强城市建模时各类主体的空间决策行为表达；另一方面也能够较好地处理参与城市社会经济活动的各类行为主体之间产生的空间冲突，从而提高城市建模分析结果的科学性和合理性。

## 7.2 多智能体模型介绍

### 7.2.1 城市多智能体模型研究进展

城市居住分异模型（Segregation Model）是基于多智能体进行城市建模的最早尝试，通过模拟城市微观居民主体的自组织过程，探讨城市居民的居住分异现象（Shelling，1969）。此后，基于多智能体系统（Multi-Agent Systems，MAS）的城市模型作为一种技术方法逐渐应用到城市土地利用变化的模拟和分析中，形成了基于 MAS 的土地利用覆盖 / 变化模型。比较有代表性的如 Ligtenberg 等（2001）提出了一种 MAS 和 CA 相结合的土地利用规划模型，通过模拟主体的决策过程来确定规划因素；刘小平等（2006）将多 Agent 引入到元胞自动机模型中，用于模拟城市土地利用变化情况。在此基础上，黎夏等（2009）耦合了地理模拟和空间优化等模型，构建了地理模拟优化系统（Geographical Simulation and Optimization Systems，GeoSOS），用于模拟、预测和优化城市空间结构和功能的动态演化过程。在针对城市内各系统的研究中，多智能体模型有助于定量分析微观个体的决策行为对整体系统的影响机制，从而厘清不同微观个体之间相互作用和相互影响的逻辑关系。在此基础上，多智能体建模开始尝试辅助参与规划决策。龙瀛等（2010）构建了一套微观尺度的城乡空间发展模型（Beijing Urban Development Model 2，BUDEM2），可以对未来短期的城乡空间发展模式进行情景分析，并对空间发展的相关政策进行评估。刘小平等（2010）结合多智能体建模建立了居住区位空间选择模型，探索和模拟了城市居民在居住区位选择过程中的复杂空间决策行为。综上所述，基于多智能体的城市模型最初是作为一种单一模型来研究城市空间的动态变化，随着对多智能体建模研究和应用的进一步深入，研究者开始将 MAS 与 CA、GIS 等技术方法结合起来，为城市复杂系统的模拟和分析提供了一种由整体到个体、从宏观到微观的建模思路和手段。

### 7.2.2 城市多智能体构成及其决策行为

MAS 是复杂适应系统（Complex Adoptive Systems，CAS）、人工生命（Artificial Life，AL）及分布式人工智能（Distributed Artificial Intelligence，DAI）技术的融合。

"Agent"可被称为主体、智能体或代理，通常指一种能够在特定环境中感知环境和其他智能体，进而通过一系列自主行为完成特定目标任务的计算程序，是现实某个或某类实体在计算空间的抽象表达，具备反应性、社会性、适应性和移动性理智性、协作性等属性特征（表 7-1）。参与城市建模的智能体，按照属性可分为自然智能体（土地等不可移动或难以移动的要素，如环境、生态、资源等实体）、管理智能体（政府）、经济智能体（企业）和社会智能体（居民）四类，以下对后三类进行简要介绍。

智能体属性特征　　表 7-1

| 属性特征 | 具体含义 |
| --- | --- |
| 反应性 | 能够及时对外部环境变化产生合理恰当的反应 |
| 社会性 | 能够掌握其他智能体和环境信息，并与之进行相互交流 |
| 适应性 | 能够根据历史数据（经验）不断调整自身的行为规则 |
| 移动性 | 能够从现有环境移动到新环境，并在新环境下正常运行 |
| 理智性 | 以实现特定目标任务为原则来开展行为活动 |
| 协作性 | 能够为实现特定目标任务而与其他智能体进行协同工作 |

资料来源：作者自绘

（1）管理智能体（政府）

政府作为城市社会经济发展的管理者和调控者，主要在宏观层面对城市系统的空间结构和功能的演化产生作用和影响，并通过一系列的管理和调控手段（如土地政策、货币政策和财政政策等）实现。按照行政级别，政府可以分为中央政府和地方政府两类。其中，中央政府从国家层面制定一系列政策措施，并对地方政府进行管理和监督；地方政府在贯彻落实中央政府制定的政策措施的基础上，根据当地实际发展情况因地制宜地制定一系列地方政策措施，保障地方社会经济的正常稳定发展。

（2）经济智能体（企业）

企业与消费者、市场共同构成城市的经济系统，企业通过生产经营活动为消费者提供所需的商品和服务，消费者由城市的个人和家庭组成并通过购买商品和服务推动企业生产经营活动持续稳定进行，而市场则是企业和消费者进行商品和服务交易的媒介。企业智能体在政府智能体的管理和监督下，主要通过追求利润最大化来实现自身的生存、发展和进化。按照经营主体不同，企业分为国有企业、私营企业、外资企业和集体经营企业四种，对城市经济活动的作用和影响存在差异。

（3）社会智能体（居民）

城市居民的通勤、消费、迁居、择业等日常行为活动对城市社会经济发展及基础设施空间布局发挥着决定性作用，而城市空间结构和功能的演化与城市居民智能体的行为活动及变化紧密相关。城市居民智能体这一微观主体在城市空间上的动态变化主要包括居住区位选择（外地居民的迁入、本地居民因物质条件提升而改善住房条件的迁居）、就业区位选择和消费区位选择等。这种城市居民智能体的动态变化引起对应的主体群发生变化，导致主体群所在的城市子系统随之发生变化，最终表现为城市空间这一宏观系统的变化。

### 7.2.3 城市多智能体间作用关系

政府主体通过制定和实施城市总体规划，对城市土地资源的利用结构和强度进行规划和监管，满足企业主体和居民主体的基本用地需求。在此基础上，政府主体通过经营土地等资产以及对企业和居民主体征收税款等方式获得财政收入，并将其用于城市基础设施建设和公共服务提供等方面，影响企业主体的区位选择、生产和消费活动开展，以及居民主体的区位选择、消费活动的开展等。而企业主体和居民主体一方面根据政府主体的开发和建设情况，结合自身属性，基于追求利益最大化的原则，做出区位选择行为，推动城市空间结构和布局的变化。在此过程中，将出现的问题，如城市地价过分上涨、交通拥挤、环境恶化等作为信息反馈至政府主体，促进政府主体调整城市规划及城市管理政策。另一方面，企业主体和居民主体开展生产、消费等活动，促进城市的经济发展，并通过缴纳税款等方式保障政府主体的财政收入稳定。

在城市多主体模型中，企业主体的生产经营动力来源于居民主体。一方面，居民主体根据企业主体提供的报酬及考虑工作地到居住地的通勤成本等因素来选择能够获取最大利润的企业主体进行工作，影响企业主体的生产经营活动的开展。另一方面，居民主体根据自身属性，如收入状况、消费喜好、生活成本等，以及企业提供的产品和服务价格产生一定的消费行为，而企业主体根据消费者的消费行为和市场的信息反馈调整企业的经营管理策略和方向，改变所提供的产品和服务种类，决定企业扩大或缩小生产规模，由此导致雇佣更多的居民主体或解雇部分居民主体。

### 7.2.4 城市多智能体建模技术平台

目前在多智能体建模领域使用相对广泛的建模技术平台主要分为两种类型（刘润姣，等，2016）：一种是提供类库的平台，可以被嵌入到与其开发语言相匹配的程序环境中使用，主要通过函数接口来调用类库中的封装函数，其代表程序包括Swarm、Repast等。另一种是直接提供完整的、可独立运行的开发平台，只需简单的安装即可方便使用，其代表程序包括Logo语言家族的NetLogo和StarLogo。两者在建模语言和模型结构上都具有很大的相似性，但NetLogo的分析功能更为完善。上述几种软件在技术特性、功能结构以及适用范围等方面存在差异，详细内容见表7–2。

智能体建模软件对比分析　　表 7-2

| | Swarm | Repast | NetLogo |
|---|---|---|---|
| 编程语言 | Objective-C/Java | Java/Python/Microsoft.Net | Proprietary scripting |
| 对编程能力的需求 | 较高 | 较高 | 一般 |
| 是否提供范例 | 是 | 是 | 是 |
| 是否集成 GIS 功能 | 是 | 是 | 是 |
| 是否集成图表功能 | 是 | 是 | 是 |
| 是否具备统计功能 | 是 | 是 | 是 |
| 是否内置动画绘制功能 | 否 | 是 | 是 |
| 是否具备扩展程序接口 | 否 | 是 | 是 |
| 软件执行效率 | 适中 | 较快 | 适中 |
| 核心应用学科范围 | 社会学 / 经济学 / 生态学 / 地理学 | 社会学 / 经济学 / 生态学 / 地理学 / 城市规划 / 医学 | 社会学 / 经济学 / 生态学 / 地理学 / 城市规划 |

资料来源：刘润姣，等，2016

## 7.3 典型多智能体城市模型之一——地理模拟优化系统（GeoSOS）

### 7.3.1 模型方法与框架

地理模拟优化系统（Geographical Simulation and Optimization Systems，GeoSOS）是由黎夏等学者开发的技术平台。该系统在计算机软、硬件支持下，耦合了地理模拟和空间优化等模型，用于模拟、预测和优化复杂的城市空间演化过程，可以弥补 GIS 在城市空间模拟和优化方面的功能不足，主要包括三个子系统：CA 模拟子系统、多智能体模拟子系统和优化子系统（黎夏，等，2009）。

（1）CA 模拟子系统

CA 模拟子系统是基于 CA 模型设置不同的转换规则进行的城市空间现象模拟和预测，包括了常用的 CA 模型，即多准则（Multi-Criteria Evaluation，MCE）CA 模型、逻辑回归 CA 模型、人工神经网络（Artificial Neural Network，ANN）CA 模型等。相比于前两者，ANN-CA 模型最大的优点在于无需事先设定模型结构、模型参数和转换规则，而是通过训练神经网络来获取。ANN-CA 模型利用后向传播算法训练人工神经网络，可以有效处理带有噪声、冗余或不完整的数据，特别适用于非线性或无法用数学描述的复杂系统，在 CA 模拟子系统中较为常用。该模型包括训练模块和模拟模块，整个模型结构比较简单，用户不用自己定义转换规则和模型参数，适合

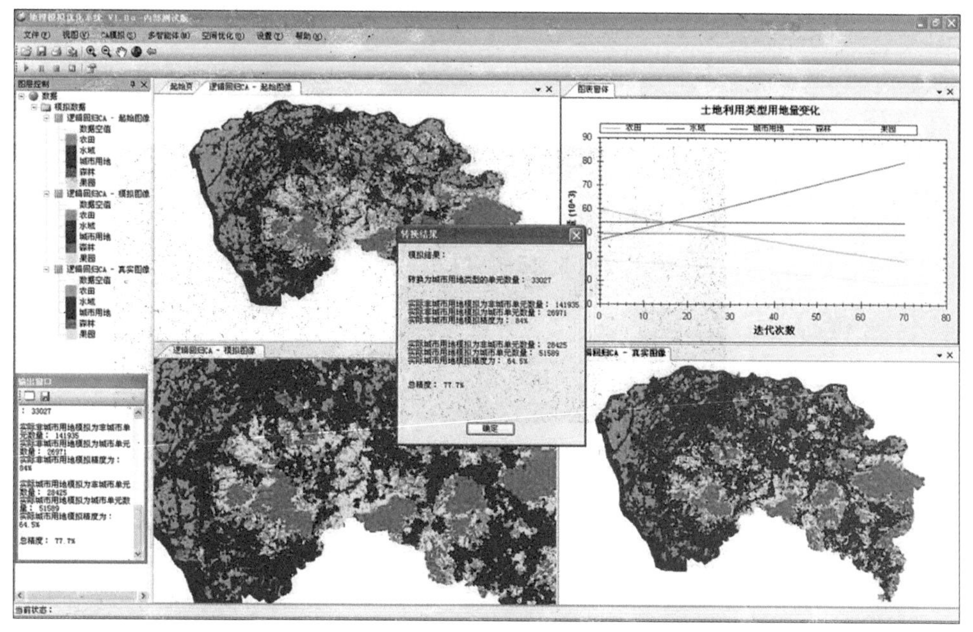


图7-1 CA模拟结果

资料来源：https：//baike.baidu.com/item/ 地理模拟与优化系统 /1373772?fr=aladdin

于模拟复杂的土地利用系统。该模型网络只有三层，第一层是数据输入层，它由若干神经元组成，分别代表影响土地利用变化的变量；第二层是隐藏层；第三层是输出层，它由若干神经元组成，输出多种土地利用类型之间的转换概率（黎夏，等，2009）（图7-1）。

（2）多智能体模拟子系统

多智能体模拟子系统是基于MAS构建的城市土地利用变化模型，除了包括相互作用的多智能体层外，还包括了从GIS获取的环境因素层。在智能体层中，不同类型的多智能体通过相互交流和合作，在共同理解特定目标任务的基础上开展一定的行为活动影响其所处的环境。而环境层的变化也反馈于多智能体层，不同类型的智能体根据环境层的变化采取相应的行动和措施，以实现多智能体层和环境层的平衡。在该子系统中，智能体（Agent）不只限于代表某个个体，也可以代表一个群体。此外，每个Agent还可以通过计算比例代表不同数量的居民或家庭。在基于多智能体的城市土地利用变换模拟中，包含居民、政府、房地产商等多种Agent。居民Agent最初随机分布在研究空间上，在模型运行后，居民Agent根据自身的属性特征反映出的偏好及与政府Agent、房地产商Agent共同协商后，选择令自己相对满意的空间位置（黎夏，等，2009）。不同类型的居民Agent由于其自身的属性特征差异而表现出对空间位置选择迥异的偏好，从而做出不同的空间选择决策。利用MCE可以确定不同类型居民Agent对不同位置影响因子的偏好权重，最终得到模型的参数（图7-2）。

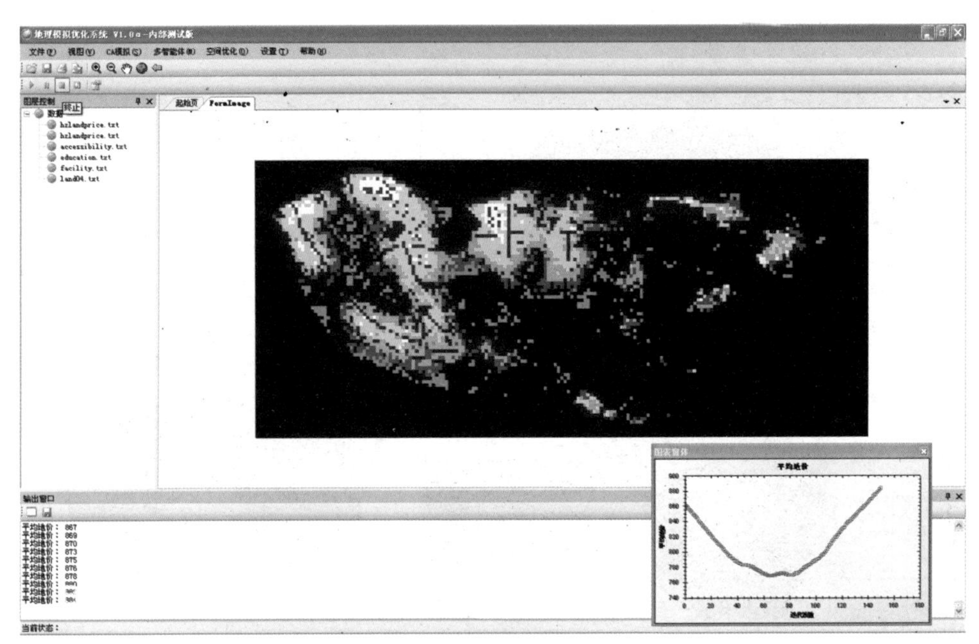

图 7-2　多智能体模拟结果

资料来源：https：//baike.baidu.com/item/ 地理模拟与优化系统 /1373772?fr=aladdin

（3）优化子系统

优化子系统是基于计算机环境利用生物智能解决各类复杂的空间优化问题。该子系统集成了蚁群智能优化算法（Ant Colony Optimization，ACO）来构建空间优化的功能，进而解决基础设施选址、道路选址等空间优化难题（黎夏，等，2009）。该子系统通过改进 ACO 算法提供了完整的点、线和面优化模型。用户可以输入各种真实的空间数据（如开发适宜性）作为优化的基础，从而生成空间优化方案。该子系统提供了良好的用户接口，方便用户设置相应的优化参数，并将优化结果输出和应用到其他模型中（图 7–3）。

### 7.3.2　模型数据

基于多年遥感影像获取土地利用分类及其变化（状态变化）的训练数据，数据可以来源于中国科学院资源环境科学与数据中心（http：//www.resdc.cn/）。利用 ArcGIS 软件将影响土地利用变化的一系列空间变量，主要包括自然变量和人为变量，在统一的空间分辨率下（如 100m 网格）进行计算及归一化，并将数据转换为 ASCII 码的交换文件，利用随机采样获得模型所需要的原始案例库，为后续模拟和预测做好数据准备。自然变量包括地形、元胞到河流的空间距离等；人为因素包括元胞到特定地点和交通线路的距离等，如元胞到各市级和县级行政中心的距离、到铁路的距离、到高速公路的距离、到省道的距离和到普通公路的距离等。地形数据为 DEM

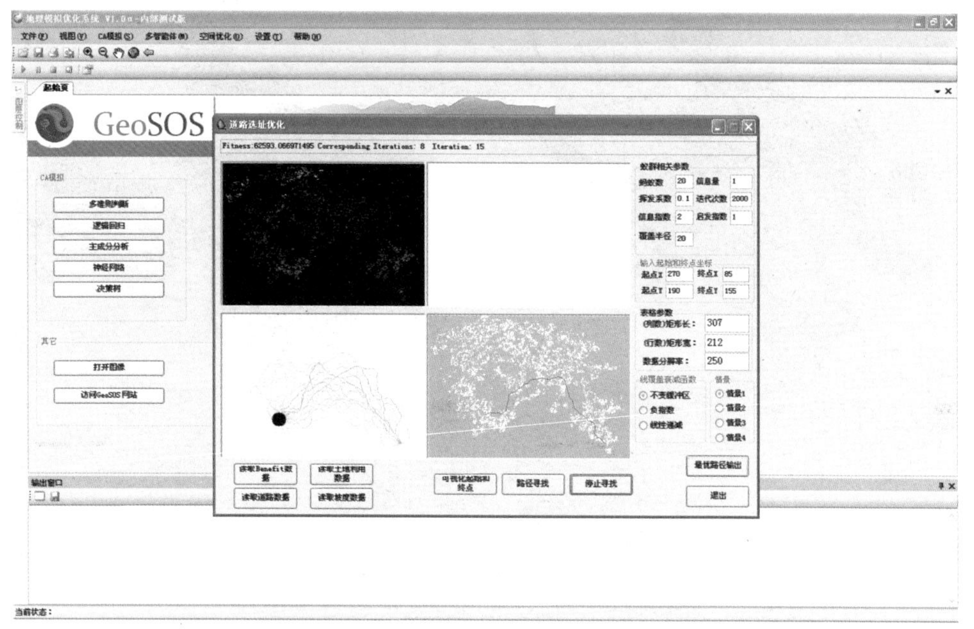


图 7-3 优化结果

资料来源：https：//baike.baidu.com/item/ 地理模拟与优化系统 /1373772?fr=aladdin

数字高程数据，可以来源于地理空间数据云（http：//www.gscloud.cn/）；各城镇中心和交通线路数据可以来源于国家基础地理信息中心（http：//www.ngcc.cn/ngcc/）。

对于居民 Agent，可以根据统计年鉴及人口普查数据，对居民 Agent 的大致比例进行计算，从而产生相应数量的居民 Agent。如黎夏等（2009）考虑到模型的简便可行和数据的限制，考虑了居民的收入及有无小孩这两个属性。居民收入分为低收入（年收入小于 9600 元人民币）、中等收入（年收入大于 9600 元人民币且小于 60000 元人民币）、高收入（年收入大于 60000 元人民币）三个等级；家庭分为有小孩和无小孩两种类别。因此，居民 Agent 可根据上述属性进行组合并分为 6 类，即低收入无小孩、低收入有小孩、中等收入无小孩、中等收入有小孩、高收入无小孩、高收入有小孩。

### 7.3.3 模型应用场景

地理模拟优化系统通过将生物智能引进 GIS，提供了完整的“自下而上”的模拟城市空间变化的 CA-MAS 模型，以及完整的点、线和面的智能优化模型，可以有效地解决复杂的城市空间优化问题，为城市化地区土地利用和空间管控的指导和优化提供技术支撑平台。GeoSOS 理论及其软件已经应用于城市土地利用变化、城市扩张模拟、公共设施选址、生态红线划定和城市增长边界划定等地理模拟和空间优化问题，为城市化发展分析的理论和技术奠定了基础。李丹等（2020）以珠江三角洲重点优化开发区域为例，利用 GeoSOS 划定了城镇开发边界（图 7-4、图 7-5）。

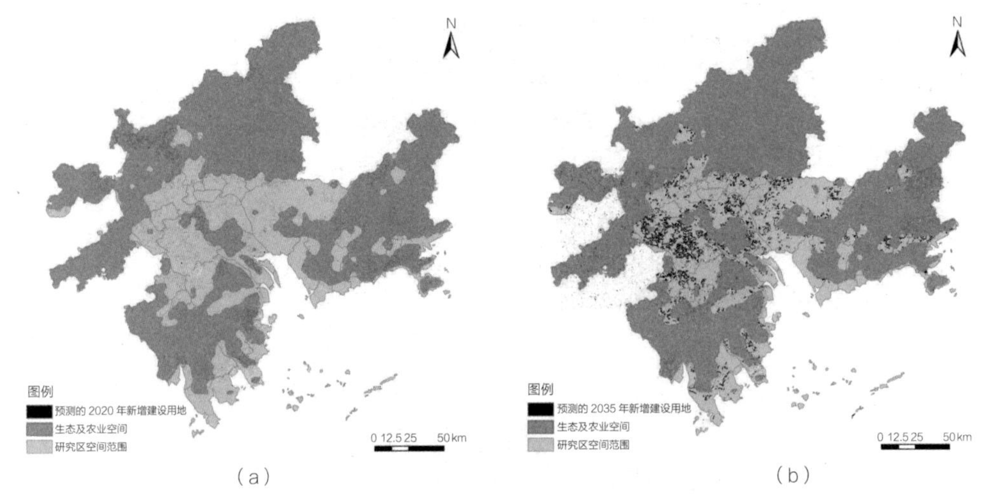


图 7-4　2020 年和 2035 年珠江三角洲城镇建设用地扩展预测结果

（a）2020 年城镇建设用地预测结果；（b）2035 年城镇建设用地预测结果

资料来源：李丹，等，2020

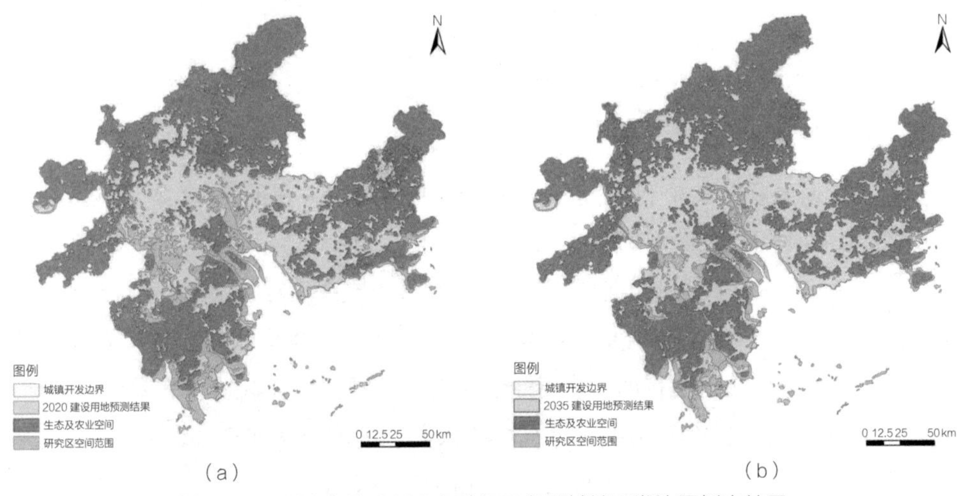


图 7-5　2020 年和 2035 年珠江三角洲城镇开发边界划定结果

（a）2020 年城镇开发边界划定结果；（b）2035 年城镇开发边界划定结果

资料来源：李丹，等，2020

## 7.4　典型多智能体城市模型之二 —— 微观尺度北京城乡空间发展模型（BUDEM2）

### 7.4.1　模型方法与框架

微观尺度北京城乡空间发展模型（Beijing Urban Development Model 2，BUDEM2）是由龙瀛等学者开发的技术平台。该模型是在第一版本基于 CA 的宏观尺度模型的基础上，进一步考虑了精细化的空间数据（地块、建筑等）和社会经济数据（居民、企业等），开发完成的微观尺度模型。该模型可以弥补规划领域在地块层面进行城市系统模拟的不足，主要包括 4 个模块：土地开发模块、居住区位选择模块、企业区位选择模块和基于活动的交通出行模块（龙瀛，2016）。

（1）土地开发模块

土地开发模块包括宏观和微观两个层面。在宏观层面，根据 2003 年土地利用现状和 2003~2010 年规划用地许可证，识别出城市扩张地块和城市再开发地块。在微观层面，第一步是划分地块。首先，将 2010 年现状地块和 2020 年规划地块进行叠加，用已规划地块替代同空间位置的现状地块，将现状地块依照规划地块进行划分；其次，利用地块划分工具（Land Subdivision Tool）将划分后产生的大地块进行细分。在模型中，利用规划道路对农村大地块进行划分，然后用 200m × 200m 的空间方格网将剩余农村地块进行划分。对于在限建区内的地块，在后续土地利用模拟过程中始终保持用地性质不变。第二步是确定城市扩张和再开发比例。首先，利用宏观模型（如第一版本 BUDEM）和人口统计学模型（如 PopSyn）确定各交通分析小区（Traffic Analysis Zone，TAZ）的总开发规模；其次，在确定各 TAZ 开发规模之后，确定城市扩张和再开发比例。基于宏观层面土地开发模块的结果，设定扩张比例，即 $r=EX/(EX+RE)\times 100\%$。其中，$EX$= 扩张，$RE$= 再开发。但需要注意的是，使用该比例也存在局限，如某内城分区历史上再开发比例较高，但未来不一定仍持续如此。

（2）居住区位选择模块

居住区位选择是指居民综合考虑自身多种因素（如家庭结构、收入水平等），选择最适宜居住的空间位置的过程。因此，空间化的人口数据及其必要属性，是 BUDEM2 的重要参数输入。首先，基于 Open Street Map 和 CA 模型，通过众包获取的兴趣点（Point of Information，POI）推断地块属性；其次，利用与住房相关的网络签到数据，进一步划分普通地块和居住地块，并推测居住地块的开发密度，再根据公开的区县尺度人口数据实现人口空间化。最后，在此基础上，合成人口属性数据。利用 Agenter 模型（龙瀛，等，2011），实现在微观样本不足的情况下，根据全国人口普查等数据生成北京市人口微观全样本（图 7–6）。

在人口数据及其属性空间化的基础上，基于 UrbanSim 系统模型，利用多元离散选择技术，在北京市 TAZ 的空间范围和分辨率下构建了居住区位选择模型。该模型中包含的选择对象覆盖了北京市全市域范围，相比之前研究的北京市中心城区的 178 个 TAZ，该模型更全面地考查了选择对象，也更精确地度量了居民对选址偏好的精确度。该模型从居民居住区位选择影响因素的理论研究出发，结合规划实践经验，从公共服务、市政设施、交通可达性、生活服务设施、就业可达性等多方面设定了模型中的关键变量，测度了不同变量对居住选址的影响强度，并进一步分析了不同家庭类型（包括自有住房家庭、租房家庭、保障房需求家庭、商品房家庭等）对上述变量的敏感度差异。

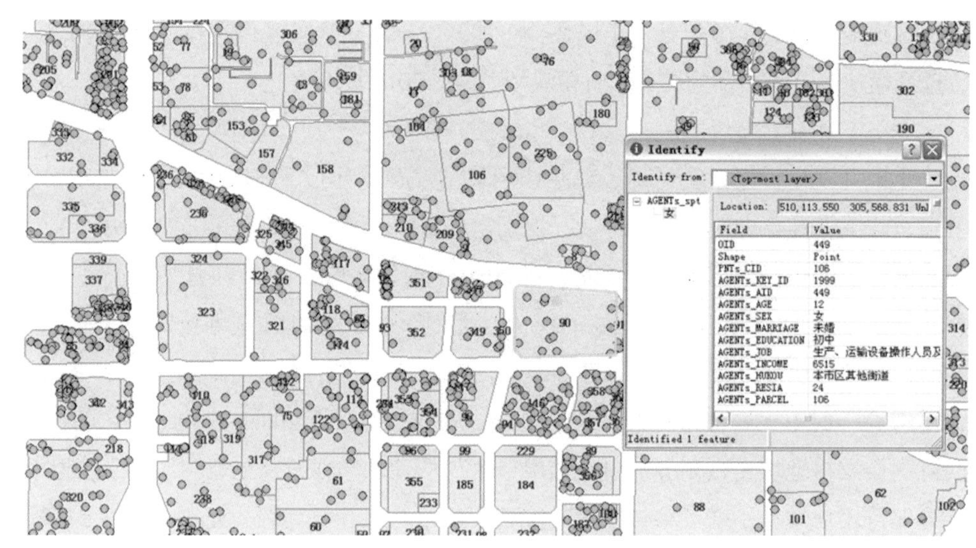


图 7-6　个体样本的空间分布图

（3）企业区位选择模块

与基于 UrbanSim 系统模型构建的居住区位选择模型类似，企业区位选择模块是针对企业特点和行为，根据企业利润最大化原则，考虑集聚收益及工资、土地等成本因素，构建的模拟和分析某一类企业的空间位置选择决策的模块。为了体现企业区位选择在空间需求上的差异性，该模块对城市企业进行分类，对于不同类别的企业，根据上述理论选择不同的区位选择模型和变量进行模拟和分析。

根据数据整理和变量构造情况，确定了两类企业的区位选择模型，具体公式如下所示。

1）现代办公类企业区位选择模型：

$$Utility=\beta_1 U\_PRICE+\beta_2 LnACC+\beta_3 LnD\_SUBWAY+\beta_4 LnPOTENTIAL+\beta_5 O\_DUMMY \quad 式（7\text{-}1）$$

式中：*U_PRICE* 为办公用地价格偏离程度；*ACC* 为就业者综合交通成本；*D_SUBWAY* 为交通小区质心到邻近地铁站的距离；*POTENTIAL* 为办公企业选址区位潜力；*O_DUMMY* 为办公用地利用现状（1 表示多，0 表示少）。

2）社会服务类企业区位选择模型：

$$Utility=\beta_1 Ln\_LANDPRICE+\beta_2 LnACC+\beta_3 LnD\_SUBWAY+\beta_4 Ln\_HINCOME+\beta_5 Ln\_POP+\beta_6 Ln\_AREA \quad 式（7\text{-}2）$$

式中：*LANDPRICE* 为企业的地租成本；*POP* 为区块居住人口总量（反映潜在用户、消费者群体）；*HINCOME* 为区块内家庭平均月收入水平（反映消费者购买力）；*AREA* 为区块面积。

本模块利用 ArcGIS 整合了北京市多个微观空间数据图层，对 UrbanSim 中的现代办公类和社会服务业类企业的区位选择模型进行了运行环境和参数设定，通过实证结果，揭示了北京市现代办公类和社会服务业类企业区位选择特征。

（4）基于活动的交通出行模块

人们的出行行为通常会因个人和家庭属性的不同产生差异。出行行为在一日中基本体现为由人的活动链产生的出行链。不同个人（如有无工作等）、不同家庭（如有无车等）的出行链长度及数量也存在差异。在该模块中，首先，结合北京2010年居民出行调查等，将研究群体按个人情况和家庭拥车情况划分为六类，并分别进行出行链的统计和分析；其次，构建交通分布模型。根据同时期交通基础设施规模，利用交通运输费用模型计算交通费用，进而将各小区交通出行的产生量和吸引量转化为出行量；接着，构建出行方式选择模型。根据不同模式的出行综合费用及模式特性，估算出发地和目的地之间不同出行模式的比例。该部分主要根据不同家庭类型和出行目的构建，其中是否拥有小汽车在模式选择当中发挥重要的作用。此外，不同交通运输方式所提供的服务水平也是重要因素，同时也反映出所采纳的交通运输战略，如市中心和卫星城之间如何衔接等。在该模型中，考虑到自行车、电动自行车等出行方式受到出行者体能和电池容量的限制，与出行距离存在直接关系，这种关系同时也因家庭类型和出行目的不同而有所差异。因此，按不同出行距离使用NLOGIT模型对出行方式选择进行模型参数设定，以提高模型精度。该模块的其他部分正在继续完善中。

### 7.4.2　模型数据

主要数据包括2003年北京市土地利用数据、2003~2010年规划用地许可证和TAZ空间分布数据，主要应用于土地开发模块；Open Street Map、POI数据、住房相关的网络签到数据、全国人口普查数据，主要应用于居住区位选择模块；土地价格数据、基础设施（如地铁站等）空间分布数据、2010年居民出行调查数据，主要应用于企业区位选择模块和基于活动的交通出行模块。

### 7.4.3　模型应用场景

在BUDEM2模型应用方面，已经先后应用于北京总体规划修改专题支持和总体规划修改空间模型研究等方面。此外，该模型还用于支持北京市城市规划设计研究院内部其他科研课题，如公共服务设施选址、大模型及区域问题研究、微观交通模型升级等。其他应用还可以包括：①支持政策评估工作，如规划方案的评估（专项、选址、控论、镇中心区），以及居住、就业、交通、公共服务设施等方面的政策评估；②支持用地和设施选址工作，如小尺度的城市再开发工作（如金融街西扩、旧城改造等）、房地产和企业项目选址，以及公共服务设施选址；③支持活动和出行的相关研究。

## 7.5 典型多智能体城市模型之三——居住区位选择模型（ABMRL）

### 7.5.1 模型方法与框架

基于多智能体的居住区位选择模型（Agent-Based Model of Residential Location, ABMRL）是由刘小平等学者开发的技术平台。该模型将多智能体建模方法应用于居民居住区位选择行为中，由表征各类居民的多智能体层和表征地理环境的CA层组成，对应城市空间中的两个基本要素，即人和环境。该模型主要包括两个部分：CA模型和多智能体模型（刘小平，等，2010）。

（1）CA模型

在CA模型中，元胞（Cell）用来表征城市空间环境中离散分布的影响居民居住区位选择的空间实体及其体现出的价值，包括土地利用、土地价值、交通通达性、基础设施、教育资源、环境质量等（刘小平，等，2010）。

1）土地利用

各类居民Agent只能在已有的居住用地或可开发区域中进行居住区位选择，而限制开发区域，如山地、湖泊、河流等自然区域则不可作为居住空间选择区域。此外，居民Agent能够改变元胞空间的土地利用类型，如居民Agent占据了表征农田的元胞，则该元胞表征的土地利用类型由农田转变为居住用地。

2）土地价值

土地价值与居民Agent之间存在相互作用的关系，当一个居民Agent占据或者离开某一个元胞后，将对元胞自身及其周围元胞所表征土地价值产生影响，主要通过居民Agent所持有的货币来影响土地价值。同样，土地价值也会影响居民Agent的空间决策，如高收入居民Agent具有较强的支付能力，倾向于选择在环境和设施均较好的高地价地段居住；相反，低收入居民Agent只能选择地价相对便宜的地段居住。

3）交通通达性

交通通达性体现了各个元胞的交通便利程度，利用指数距离衰减函数，考虑各元胞到道路及市中心的距离，来计算交通通达性。

4）基础设施

利用指数距离衰减函数，考虑各元胞到各类基础设施，如医院、公园、娱乐设施、商业中心等的距离，来计算各元胞的空间吸引力程度。

5）教育资源

在该模型中，教育资源主要指学校和图书馆，对居民Agent的居住区位选择产生较大影响。利用指数距离衰减函数，考虑各元胞到教育资源的距离，来计算教育资源对各元胞的空间影响程度。

6）环境质量

随着社会经济的发展和生活水平的提高，各类居民在进行空间区位选择时将周围环境质量的优劣作为一个重要的考虑因素。但不同类型的居民 Agent 存在不同的环境偏好。一般来说，高收入居民倾向于居住在环境质量较好的空间。在该模型中，利用指数距离衰减函数，考虑各元胞到绿地和河流的距离，来计算环境质量。

（2）多智能体模型

在该模型中，居民 Agent 的迁居动力来源于内部社会经济压力和外部居住环境吸引力。内部社会经济压力主要包括：①居民 Agent 的经济状况能否负担居住地的价值；②居民 Agent 是否与其邻里其他的居民 Agent 协调。而外部居住环境吸引力主要是指居民 Agent 更倾向于居住在自己理想的居住环境中。当居民 Agent 现有居住区位效应与其视域内的最佳居住区位效应的差值达到某一阈值时，将会产生迁居意愿（刘小平，等，2010）。居住区位选择决策流程如图 7–7 所示。

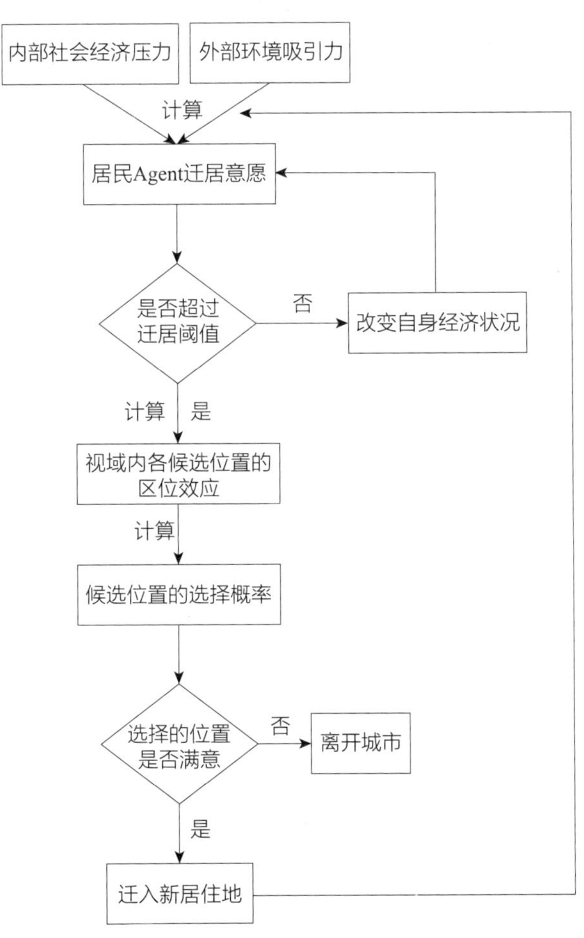


图 7–7 居住区位选择决策流程

资料来源：刘小平，等，2010

在该模型中，居民 Agent 的经济状况会随时间的变化而发生变化，并影响居住地的价值。假设居民 Agent 的收入满足简单的 logistic 增长，则第 $i$ 个居民 Agent 在 $t$+1 时刻的收入计算公式为：

$$I_i^{t+1}=I_i^t+r\cdot I_i^t\left(1-\frac{I_i^t}{K}\right)+\frac{R_1-R_2}{2} \qquad \text{式（7-3）}$$

式中：$r$ 为居民收入增长率；$K$ 为居民收入容量；$R_1$ 和 $R_2$ 为随机数。

居民 Agent 内部的社会经济压力计算公式为：

$$S_i^t=c_1\cdot|I_i^t-V_i^t|+c_2\cdot|I_i^t-P_i^t| \qquad \text{式（7-4）}$$

$$P_i^t=\left(\sum_{k\in\Omega(i)} I_k^t+\sum_{l\in[\Omega-\Omega(i)]} V_l^t\right)/8 \qquad \text{式（7-5）}$$

式中：$c_1$ 和 $c_2$ 分别为经济压力和社会压力的权重；$V_i^t$ 为第 $i$ 个居民 Agent 所占据元胞的土地价值，居民 Agent 的经济状况与所在位置地价的匹配程度构成其经济压力；$P_i^t$ 为第 $i$ 个居民 Agent 的邻里平均经济状况，居民 Agent 的经济状况与其邻里平均经济状况的差异构成其社会压力；$\Omega(i)$ 为第 $i$ 个居民 Agent 的邻里智能体；$[\Omega-\Omega(i)]$ 为第 $i$ 个居民 Agent 的 3 × 3 邻域中未被占据的空地。

外部环境吸引力计算公式为：

$$G_i^t=w_{evi}\cdot E_{evi}+w_{edu}\cdot E_{edu}+w_{tra}\cdot E_{tra}+w_{pri}\cdot E_{pri}+w_{con}\cdot E_{con} \qquad \text{式（7-6）}$$

式中：$E_{evi}$、$E_{edu}$、$E_{tra}$、$E_{pri}$、$E_{con}$ 分别代表环境质量、教育资源、交通通达程度、土地价值和基础设施便利性；$w_{evi}$、$w_{edu}$、$w_{tra}$、$w_{pri}$、$w_{con}$ 分别为居民 Agent 对各因素的偏好系数。

居民 Agent 在某一位置的区位效应计算公式为：

$$U_i^t=w_g\cdot G_i^t+w_s\cdot(1-S_i^t)+\varepsilon_i^t \qquad \text{式（7-7）}$$

式中：$w_g$ 和 $w_s$ 分别为内部压力和外部吸引力的权重；$\varepsilon_i^t$ 为随机变量。居民迁居意愿计算公式为：

$$AW_i^t=U_b^t-U_i^t \qquad \text{式（7-8）}$$

$$AW_i^t\begin{cases}\geqslant WT,\ Move\\ <WT,\ Stay\end{cases} \qquad \text{式（7-9）}$$

式中：$U_b^t$ 为居民 Agent 视域内最佳居住点的区位效应；$U_i^t$ 为该时刻居民 Agent 所在居住地的区位效应；$AW_i^t$ 为迁居意愿；$WT$ 为迁居阈值，当居民 Agent 的迁居意愿大于等于迁居阈值时，居民进行迁居。当居民 Agent 的迁居意愿小于迁居阈值时，居民仍居住在原来位置。

在该模型中，利用离散选择模型确定居民 Agent 的迁居地。迁居地候选位置为城市空间中居民 Agent 视域范围内未被占据的空地，且其区位效应高于居民 Agent 原居住地的区位效应。不同类型居民 Agent 视域存在差异，经济能力较强的居民 Agent 视域相对更宽阔。居民 Agent 随机选择位置的概率计算公式为：

$$P^t_{ij}=\frac{\exp(U^t_{i\to j})}{\sum\exp(U^t_{i\to x})} \qquad 式（7-10）$$

式中：$\sum\exp(U^t_{i\to x})$ 为候选位置区位效用的指数函数之和，表明居民 Agent 根据个人偏好并遵循效用最大化进行居住区位选择。

### 7.5.2 模型数据

模型中涉及遥感数据和 GIS 数据，遥感数据为 TM 影像或 Landsat 影像，用来获取土地利用现状数据。GIS 数据包括道路、绿地、水体、学校、医院、公园、银行、娱乐设施等空间分布数据和土地价格空间分布数据等。通过 ArcGIS 的空间分析功能计算各要素的值，并将其转换为统一的空间分辨率（100m）。对于居民 Agent，可以根据统计年鉴及人口普查数据，对居民 Agent 的大致比例进行计算，从而产生相应数量的居民 Agent。如刘小平等（2010）考虑到模型的简便可行和数据的限制，只考虑了居民的收入水平，并划分 5 种类型：高收入（10%）、中高收入（20%）、中等收入（40%）、中低收入（20%）、低收入（10%）。

### 7.5.3 模型应用场景

在 ABMRL 模型中，居民智能体可以根据自身经济状况的变化及对邻居智能体和地理环境的感知，进行居住区位选择的决策行为，改变其在城市空间中的居住位置。利用该模型可以模拟不同类型居民智能体产生空间聚集现象的过程及差异，并通过改变模型相关参数，可以模拟并预测城市居住空间分异、圈层城市空间结构、城市中产化等城市现象。刘小平等（2010）以广州市海珠区为例，模拟了该区域内居民居住空间分异的演化过程（图 7-8）。

## 7.6 本章小结

城市作为一个复杂系统，尽管“自上而下”的建模方法可以从宏观层面模拟城市组织和发展的整体过程，但“自下而上”的模型可以从微观个体及其与环境相互作用角度更真实有效地反映城市结构和功能演变的复杂性。城市系统的地理空间中大量分布着这些具有自主性和适应性的主体，这些主体与社会、经济、自然等环境产生相互作用，依据自身的实际能力和价值需求对城市结构和功能演变结果进行分

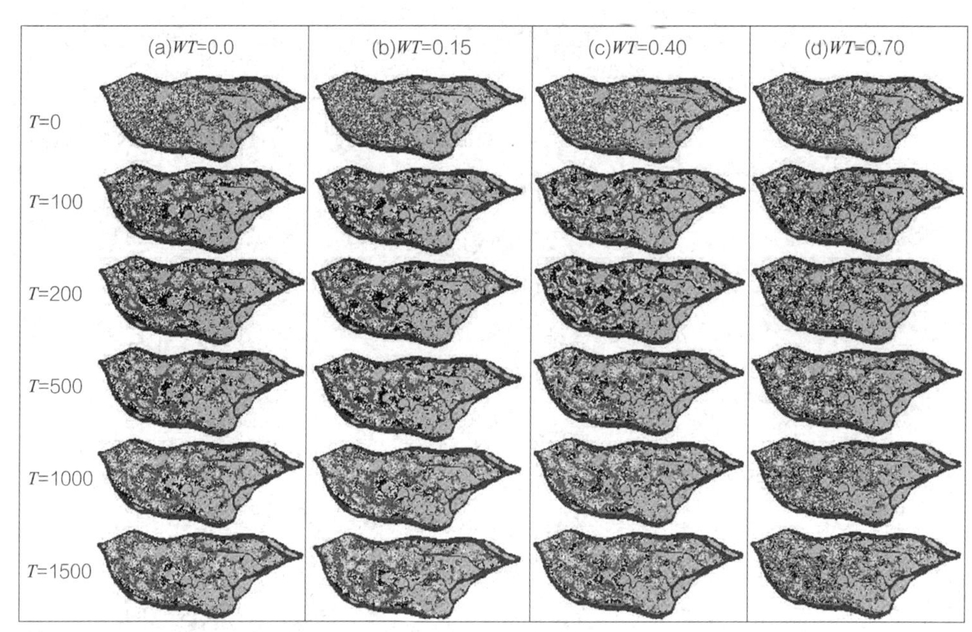


图 7-8　2004 年广州市海珠区不同迁居意愿下的居住空间分异格局

资料来源：刘小平，等，2010

析和判断，形成对环境的认知，并以此作为对其进行决策行为的依据。

基于多智能体的城市模型重点关注微观个体的行为规则，然后根据不同智能体之间以及智能体与环境之间的交流和反馈不断推动整个宏观城市系统结构和功能的发展，基本与真实城市系统“自下而上”的运行规律保持一致，已成为研究城市复杂系统的主要技术手段之一。此外，基于多智能体的城市模型还可以直观地向人们展示城市系统的动态演化过程，并依托计算机技术进一步优化影响城市系统演化的重要因素的空间表达，从而进一步提高城市系统模拟和预测结果的科学性和准确性。

对于复杂的城市空间而言，现代城市规划中单一的“自上而下”的思路和方法往往会破坏其内在的空间秩序，并导致无法充分认识城市空间自身的发展规律。从复杂系统科学的角度来看，结合元胞自动机和多智能体的城市建模，为观察城市空间的复杂现象提供了一个宏观和微观并存的视角，为实现“自上而下”和“自下而上”规划方法的结合提供了科学的指导，对于推动城市规划的理论研究和实践具有重要意义，其在未来规划研究领域将拥有广阔的应用发展前景。

## 参考文献

[1] Ligtenberg A，Bregt A K，Lammeren R V. Multi-actor-based land use modelling：spatial planning using agents[J]. Landscape and Urban Planning，2001，56：21-33.

[2] Shelling T C. Models of segregation[J]. American Economic Review，1969，59（2）：488–493.

[3] 黎夏，李丹，刘小平，等 . 地理模拟优化系统 GeoSOS 及前沿研究 [J]. 地球科学进展，2009，24（8）：900–906.

[4] 黎夏，刘小平，何晋强，等 . 基于耦合的地理模拟优化系统 [J]. 地理学报，2009，64（08）：1009–1018.

[5] 李丹，胡国华，黎夏，等 . 耦合地理模拟与优化的城镇开发边界划定 [J]. 中国土地科学，2020，34（5）：104–114.

[6] 刘小平，黎夏，艾彬，等 . 基于多智能体的土地利用模拟与规划模型 [J]. 地理学报，2006，61（10）：1101–1112.

[7] 刘小平，黎夏，陈逸敏，等 . 基于多智能体的居住区位空间选择模型 [J]. 地理学报，2010，65（6）：695–707.

[8] 龙瀛 . 北京城乡空间发展模型：BUDEM2[J]. 现代城市研究，2016，（11）：2–9，27.

[9] 龙瀛，沈振江，毛其智 . 城市系统微观模拟中的个体数据获取新方法 [J]. 地理学报，2011，66（3）：416–426.

[10] 马世发，黎夏 . 地理模拟优化系统（GeoSOS）在城市群开发边界识别中的应用 [J]. 城市与区域规划研究，2019，11（1）：79–93.

# 第8章

# 基于规则的城市模型

## 8.1 背景

在城市规划的过程中，需要考虑的因素错综复杂，包括社会、经济、环境、政策等因素。传统的城市模型，往往存在着模型结构不稳定、预测结果存在偏差的问题，而基于规则的城市建模不仅可以弥补传统城市模型存在的这些不足，使城市系统范围内的各类因素有机结合，还可以在模型运行的过程中，遵循设定的规则与限制条件，更加精准地实现模型运行的目标，使模型的测算结果在设定的条件范围内。因此本章对基于规则的城市模型进行系统的介绍。

## 8.2 基于规则建模的方法介绍

基于规则建模是指在模型构建初期从应用规划所要实现目标角度设计一定的限制条件，使模型结构更加优化，且运行结果可以达到其建模和测算的目的，而这些限制条件就是模型运行所要遵循的规则，如总量控制、权重占比、行为决策等（翟世常，2016）。如可以广泛应用于地球物理、生物和工程系统等多领域研究的模糊规则的建模方法（Fuzzy Rule-Based Modeling）（Magdalena，2015），包括启发式方法、统计方法和自适应方法，模糊模型构造的设计方法涉及规则提取和参数学习两个方面。Chiang 等（2004）则提出了一种系统的方法来开发代表规则的集合，这些规则使用支持向量机方法来捕获控制模型的功能关系的本质，即支持向量学习机制的模糊规则模型。Honggeun 等（2019）提出了一种基于规则的地层油藏建模方法模拟沉积动力学，生成储层结构的数值描述，同时捕获地质过程的信息特征。在城市规划领域，如基于 CGA 规则的 CityEngine 是一种基于规则的三维城市模型，它有很大的潜力来支持城市规划。其建模的思想是定义各类规则，通过迭代精炼设计创建细节模型。其中，CGA 自定义规则包括条件规则、参数规则、标准规则和随机规则，CityEngine 所创建的模型均由该规则驱动（范伦，等，2019）；Luo 等（2016）在其研究成果中以位于中国南方城市的一个老城区为研究区域，也重点介绍了基于规则的城市建模方法（CityEngine），并讨论了如何使用它来生成三维城市模型和支持城市规划项目。

综上，基于规则的建模方法，可以应用到科学研究的各个领域，通过设定模型构建的规则，使模型的测算结果达到更加准确和理想的状态。

## 8.3 基于规则的城市模型之一 —— 基于 Excel 表格的节水系统分析模型

### 8.3.1 基本概念

基于 Excel 表格的节水系统分析模型（Water Conservation System Alysis Model，WCSA-Model），是由龙瀛等学者开发的技术平台（龙瀛，等，2006）。在 Microsoft Excel 环境下基于宏语言（Macro）进行开发。采用这种开发模式，主要原因在于 Excel 具有较为强大的矩阵运算和动态响应的功能，在其中嵌入用于模拟节水系统内部关联的公式或宏语言，可以方便地对节水系统进行模拟，同时结果输出的接口也较为通用。

该模型将节水工作系统化，从水资源系统、供水系统、用水系统、排水及再生水系统等多方面进行分析，对整个节水系统进行建模，并在此基础上进行节水规划的相关环节的研究工作，如节水系统现状分析、节水目标制订、静态/动态节水潜力分析、节水对策分析和节水方案分析等。同时该模型实现了节水对策与节水潜力、经济投入在终端用水层次的关联计算，可以适应不同节水情景的方案分析，以更好地指导节水规划的实施与开展。

该模型与 IWR-MAIN 都采用了终端分析的方法，都对需水量预测和节水对策有所分析，但相比本模型，IWR-MAIN 在需水量预测方面要更为深入，但是在节水对策分析方面，没有本模型系统全面。在研究范围上，本模型包括区域内所有类型的用水，而 IWR-MAIN 只是限于城市用水。

### 8.3.2 模型方法与框架

（1）模型所包含的模块

本模型包括的模块主要有水资源与供水系统模块、用水系统分析模块、节水对策评价模块、目标对策耦合模块、结构调整模块和规划方案综合分析模块等，每个模块具体的功能如下：

1）水资源与供水系统模块：主要实现水资源现状分析、水资源空间分析、水资源空间分配，用水子系统现状分析，以及水资源子系统与供水子系统的集成分析。

2）用水系统分析模块：主要实现各终端用水的现状用水情况分析、现状节水水平分析，并基于此结合其他模块进行节水情景分析和节水潜力分析，以及各对策节水潜力的计算等功能。

3）节水对策评价模块：主要实现各节水对策的费用效益分析，经济、技术定性指标的专家调查数据处理，节水度计算以及对策推荐程度排序等功能。

4）目标对策耦合模块：主要实现不同节水强度组合下的对策集的节水模式分析，包括经济投入、节水量、用水量反馈等，该模块是本模型的主要技术模块，是本研究“目标导向”的技术体现之一。

5）结构调整模块：主要实现第一产业、第二产业和第三产业的现状分析、预测等功能，以及针对第二产业的行业结构现状分析与预测功能。

6）规划方案综合分析模块：主要实现各节水规划方案的指标计算功能，并根据计算的结果对规划方案进行排序，给出推荐规划方案。

（2）模型应用流程

节水系统分析模型将节水规划编制的各个环节在终端用水层次进行关联，可以方便地进行正向和负向反馈。其应用的基本环节为：

1）模拟现状节水水平下的发展；

2）输入规划的可用水资源量和城市发展规模指标；

3）确定规划的节水目标和水平；

4）分析节水潜力；

5）制订与节水潜力对应的节水对策；

6）生成由节水对策构成的规划节水方案。

该模型对节水系统内部的关联进行模拟，可以应对节水对策乃至方案的变化对规划目标、规划需水量的影响，并给出若干定量的规划参数来表征节水系统的未来状态（图 8–1）。

### 8.3.3 模型的用水终端系统分析

针对用水系统根据资料可获取程度、研究要求等因素，分为若干层次，并以最底层（即终端用水）作为分析的基础。对用水子系统，主要划定了三级分类层次，一级分类分别是生活用水、工业用水、农业用水、生态环境用水和漏损水；在一级分类的基础上依次进行二级分类，如生活用水分为城镇生活用水、农村生活用水；

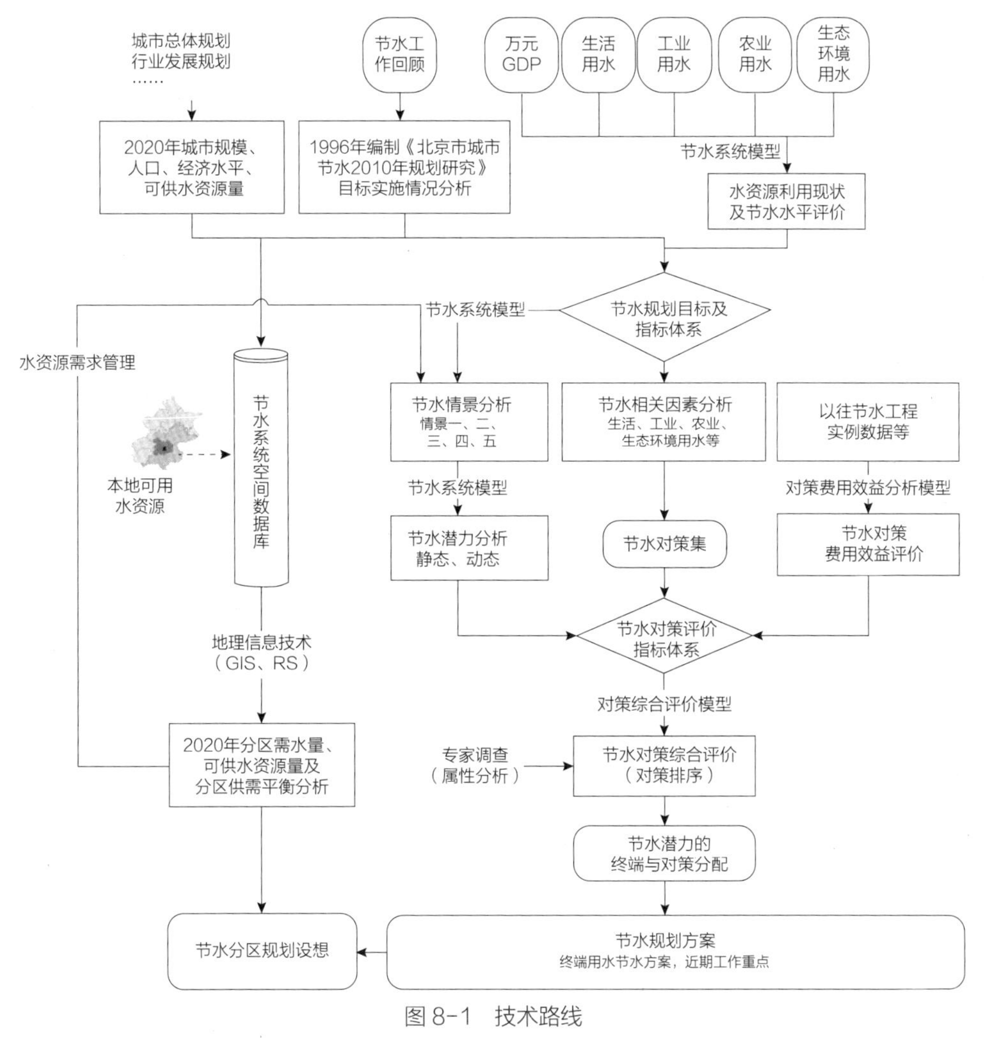


图8-1 技术路线

资料来源：北京市节约用水规划研究（2006—2020年）

对于部分二级分类的用水，还进行了三级分类，如城镇生活用水分为城镇居民家庭生活用水和城镇公共服务用水（表8-1）。

针对各终端用水进行参数系统的构造，主要包括规模与定额单位的选取、现状水量、规模的确定、预测规模（调整前）、预测规模（调整后）、现状定额、正常定额和强化定额数值的确定：

（1）规模单位与定额单位：对于不同的终端用水，其水量核算的方法各异，为了便于进行水量的现状分析和预测以及节水潜力的分析，根据数据的可获得性和计算的科学性，确定不同终端用水的规模和定额单位，如城市居民家庭用水，规模单位为万人，定额为L/（人·d），而工业用水规模单位为亿元工业增加值，定额单位为$m^3$/万元工业增加值。

（2）现状水量：指现状（2003年）各终端用水对应的用水量数据，主要根据掌

用水子系统终端分析结构 表 8-1

<table>
<tr><th>一级分类</th><th>二级分类</th><th colspan="2">三级分类</th><th>说明</th><th>终端用水</th></tr>
<tr><td rowspan="3">生活用水</td><td rowspan="2">城镇生活用水</td><td colspan="2">城镇居民家庭生活用水</td><td>中心城、新城及乡镇居民家庭生活用水</td><td>饮用/炊事用水、厕所用水、淋浴用水、个人洗漱用水、衣物洗涤用水、餐具洗涤用水、洗车/花园用水、其他用水</td></tr>
<tr><td colspan="2">城镇公共服务用水：机关/写字楼用水、大专院校用水、商业用水、部队用水、宾馆饭店用水、旅馆用水、餐饮用水、医疗卫生用水、科研用水、中小幼用水、食品加工用水、文娱场所用水、市政单位用水、洗浴用水、外事单位用水、文化事业用水、居民服务及其他服务业用水、影剧院用水、市政建设</td><td>中心城、新城及乡镇公共服务<br>用水</td><td>饮用用水、厕所用水、洗浴用水、衣物洗涤用水、实验用水、餐具洗涤用水、锅炉用水、中央空调用水、游泳池用水、洗车用水、其他用水、城市基本建设临时施工用水</td></tr>
<tr><td colspan="3">农村生活用水</td><td>镇以下生活用水（包括农民家庭生活用水、小家畜及农村公共服务用水）</td><td>饮用/炊事用水、厕所用水、淋浴用水、个人洗漱用水、衣物洗涤用水、餐具洗涤用水、庭院用水、其他用水</td></tr>
<tr><td rowspan="5">工业用水</td><td colspan="3">电力产业用水</td><td>电力、蒸汽、热水的生产和供应业用水</td><td rowspan="5">工艺用水、间接冷却水、直接冷却水、辅助生产用水、附属生活用水、锅炉用水、其他用水</td></tr>
<tr><td rowspan="4">一般行业</td><td rowspan="4">基础产业用水</td><td>石油化工产业用水</td><td>石油加工及炼焦业、化学原料及化学制品制造业[①]、化学纤维制造业、橡胶制造业用水</td></tr>
<tr><td>建材产业用水</td><td>非金属矿物制品业、木材加工及竹、藤、棕、草制品业用水</td></tr>
<tr><td>冶金产业用水</td><td>黑色金属冶炼及压延加工业、有色金属冶炼及压延加工业用水</td></tr>
<tr><td>其他基础设施产业用水</td><td>黑色金属矿采选业、有色金属矿采选业、非金属矿采选业、煤炭采选业、煤气生产和供应业自来水的生产和供应业用水</td></tr>
</table>

① 不含 267 日用化学产品制造。

续表

<table>
<tr><th>一级分类</th><th>二级分类</th><th colspan="2">三级分类</th><th>说明</th><th>终端用水</th></tr>
<tr><td rowspan="7">工业用水</td><td rowspan="6">一般行业</td><td colspan="2">电子信息产业用水</td><td>电子及通信设备制造业用水</td><td rowspan="7">工艺用水、间接冷却水、直接冷却水、辅助生产用水、附属生活用水、锅炉用水、其他用水</td></tr>
<tr><td colspan="2">机电产业用水</td><td>普通机械制造业、专用设备制造业、电气机械及器材制造业、仪器仪表及文化、办公用机械制造业、金属制品业用水</td></tr>
<tr><td colspan="2">医药产业用水</td><td>医药制造业、368 医疗仪器设备及器械制造用水</td></tr>
<tr><td rowspan="3">都市产业用水</td><td>食品饮料产业用水</td><td>食品加工业、食品制造业、饮料制造业、烟草制造业用水</td></tr>
<tr><td>服装纺织产业用水</td><td>纺织业、服装及其他纤维制品制造业、皮革、毛皮、羽绒及其制造业用水</td></tr>
<tr><td>其他都市产业用水</td><td>家具制造业、造纸及纸制品业、印刷业和记录媒介的复制、其他制造业、文教体育用品制造业、塑料制品业、267 日用化学产品制造、395 家用电力器具制造、397 照明器具制造用水</td></tr>
<tr><td colspan="3">交通运输设备制造业用水</td><td>交通运输设备制造业用水</td></tr>
<tr><td rowspan="5">农业用水</td><td rowspan="3">种植业[1]</td><td colspan="2">水浇地用水</td><td>指用于灌溉水田、菜田以外，有水源保证和灌溉设施的耕地用水</td><td rowspan="3">渠道灌溉用水、管道灌溉用水、滴灌用水、微灌用水、其他用水</td></tr>
<tr><td colspan="2">菜田用水</td><td>指用于灌溉常年以种植蔬菜为主的耕地用水，包括大棚用水</td></tr>
<tr><td colspan="2">水田用水</td><td>指用于灌溉有水源保证和灌溉设施，用于种植水生作物的耕地用水</td></tr>
<tr><td rowspan="2">林牧渔[1]</td><td colspan="2">林果用水</td><td>指用于灌溉种植以采摘果、叶、根茎等为主的集约经营的多年生木本和草本作物（含苗圃）用水</td><td>渠道灌溉用水、管道灌溉用水、鱼塘用水</td></tr>
<tr><td colspan="2">草场用水</td><td>指用于浇灌种植畜牧业的草本植物的草场用水</td><td></td></tr>
</table>

① 名词解释参考水利部（2004）中国水资源年报编制技术大纲。

续表

| 一级分类 | 二级分类 | 三级分类 | 说明 | 终端用水 |
| --- | --- | --- | --- | --- |
| 农业用水 | 林牧渔 | 鱼塘用水 | 指用于回补人工开挖或天然形成的专门用于水产养殖的坑塘用水及相应附属设施用水 | |
| | | 大牲畜用水 | 指饲养大型牲畜（猪、牛、羊等）用水 | 大牲畜用水、小牲畜用水 |
| | | 小牲畜用水 | 指饲养小型牲畜（鸡、鸭、鹅等）用水 | |
| 生态环境用水 | | 中心城水域用水 | 指用于回补中心城内天然形成或人工开挖的河流水面和湖泊水面用水 | 闸门放水 |
| | | 新城水域用水 | 指用于新城内天然形成或人工开挖的河流水面和湖泊水面用水 | 闸门放水 |
| | | 防护绿地用水 | 指用于灌溉为改善城市自然条件和卫生条件而设的防护林用水① | 微观用水、喷灌用水等 |
| | | 绿地用水 | 指用于灌溉由政府主管部门负责，用于公众休息、娱乐用的绿地用水② | 微观用水、喷灌用水等 |
| | | 城市道路浇洒用水 | 用于城市道路浇洒等 | 洒水车等 |
| | | 人工湿地用水 | 指用于回补人工建造和管理的湿地用水③ | 管道用水 |
| | | 经济林地用水 | | 微观用水、喷灌用水等 |
| | | 水土保持用水 | 指用于防治水土流失的用水 | 闸门放水 |
| | | 地下水回补用水 | 用于地下水回补 | 回补设备用水 |
| 漏损水 | 城市供水管网漏损水 | 管道破损漏损量 | 指水厂到用户终端的漏损水，包括漏失水量和损失水量 | 管道破损漏损量、水表计量差水量和非法取水 |
| | | 水表计量差水量 | | |
| | | 非法取水 | | |
| | 渠道输水损失 | 渠道漏水<br>计量差水量<br>蒸发损失 | 从水源到用户的渠道输水损失 | 输水管道（渠道）漏失水量和蒸发损失 |

① 名词解释参考姜来成．论防护绿地的规划建设 [J]. 防护林科技，2002（01）：33-34.

② 名词解释参考徐波，赵锋，李金路．关于“公共绿地”与“公园”的讨论 [J]. 中国园林，2001（02）：6-10.

③ 名词解释参考沈耀良，王宝贞．人工湿地系统的除污机理 [J]. 江苏环境科技，1997（03）：1-6.

握的相关基础资料确定。

（3）现状规模：指现状（2003年）各终端用水对应的规模数据，主要根据掌握的相关基础资料确定。

（4）预测规模：指2020年各终端用水对应的规模数据，主要根据《北京城市总体规划（2004—2020年）》、北京市农业节水规划纲要等相关基础资料确定，其中预测规模（调整前）对应现状的产业比例和各产业内部的行业比例，而预测规模（调整后）对应经过产业结构调整和行业结构调整之后的数据。

（5）现状定额：指现状（2003年）各终端用水单位规模的水量数据，主要根据现状水量和现状规模之商确定。

（6）正常定额：指在现状定额分析的基础上，按照现状（2003年）节水措施下的节水水平，2020年各终端用水单位规模的水量。

（7）强化定额：指在现有节水水平的基础上，采取强化节水措施的情况下，2020年各终端用水单位规模的水量数据，其数值的确定是在现状定额和正常定额分析的基础上，通过国外、国内的相关资料调研并结合北京的实际情况进行确定。

### 8.3.4 模型应用场景

主要应用场景包括节水系统现状分析、节水目标制订、水资源需求量预测和节水潜力测算等，其主要任务是在确定“用水系统终端分析”部分所提出的相应定额和规模数据的基础上，给出水资源需求的预测方案。

（1）节水系统现状分析

水资源概况分析：分析多年北京的入境、出境和自产水资源量，计算各年本地可用水资源量，重点分析规划水平年的本地可用水资源量，并将本地水资源量分配至北京16个区（县）。

供水概况分析：确定各终端供水在规划水平年的供水量，统计地表水供水量和地下水供水量，进而分析供水量与本地水资源量之间的关系，明确目前水资源需求与供给的矛盾。

用水概况分析：按照表8-1所示的分类，根据多源资料确定各终端用水在规划水平年的具体用水量，进而计算现状定额参数。在此基础上，通过分析多年的用水数据，识别不同用水类型的变化趋势。

节水对策现状分析：通过综合分析，识别了不同用水近年来的变化趋势，为了揭示其中的内在原因，需要对近年来的节水工作进行总结，包括法规建设、水价调整、技术改造措施、自备井用水管理、用水计划管理和宣传教育等方面的节水对策，结合用水概况分析数据，对近年来在北京已实施的各种类节水对策进行综合评价，可以用于指导本研究中节水对策的建立。

节水现状水平分析：针对各终端用水，将其现状定额与国内其他城市及国际节水先进水平城市进行对比，识别差距，可以作为强化定额确定的基础。

通过以上一系列的现状分析工作，可以识别目前北京水资源开发利用存在的主要问题，同时通过本部分的分析，确定了各终端用水的现状定额、现状规模、现状水量和强化定额等参数。

（2）节水目标制定

节水规划目标是节水规划的核心，其目的是确定近期、远期节水工作的目标，其内容包括了万元 GDP 用水量为基础指标、人均城市居民家庭用水量等为评价指标、城市节水器具普及率等为考核指标的三级指标体系。节水规划目标是根据地区发展规划中的经济社会发展目标和水资源规划中的本地区水资源可利用量，在实现规划期水资源供需平衡的基础上确定的。

北京市节水规划目标是根据《北京城市总体规划（2004—2020 年）》、《北京市国民经济和社会发展第十一个五年规划纲要》（北京市人民政府，2005）等相关规划，针对规划中确定的北京市经济社会发展目标和水资源规划目标，在实现规划期水资源供需平衡的基础上，按照以供定需、统筹配置的原则，建立了以万元 GDP 用水量为基础指标，以人均城市居民家庭用水量等为评价指标和以城市节水器具普及率等为内容的考核指标的三级指标体系，明确了各个指标下的规划目标，为下一步的节水对策和工作安排明确方向。

（3）水资源需求量预测

基于各终端用水的各项参数对 2020 年北京市域的水资源需求量进行预测，可以对 2004~2020 年每一年的水资源需求量进行动态预测。具体是采用情景分析的方法，从产业、行业结构调整、强化节水措施、再生水利用等方面给出四种水资源需求量的预测方案，各预测方案示意见表 8-2，通过模型测算得出相应的 2020 年全年水资源需求量预测结果。

**水资源需求量预测方案示意** **表 8-2**

| 项目 | 现状规模 | 预测规模（调整前） | 预测规模（调整后） |
|---|---|---|---|
| 现状定额 | 现状用水量 | — | — |
| 正常定额 | — | 预测方案 1 | 预测方案 3 |
| 强化定额 | — | 预测方案 2 | 预测方案 4 |

（4）节水潜力测算

参考节水情景分析部分的几种节水情景，可以看出节水潜力主要由四部分构成——产业结构调整节水潜力、行业结构调整节水潜力、措施强化节水潜力（还可细分为技术潜力、经济潜力和管理潜力）以及再生水利用潜力，其测算公式为：

$$P_w=P_e+P_{ia}+P_d+P_g \quad \text{式（8-1）}$$

式中：$P_w$ 为节水潜力；$P_e$ 为产业结构调整节水潜力；$P_{ia}$ 为行业结构调整节水潜力；$P_d$ 为措施强化节水潜力；$P_g$ 为再生水利用潜力。

节水潜力从专业角度可以分为静态节水潜力和动态节水潜力。根据五个节水情景的物理意义，静态节水潜力是在规划水平年（2020 年）采取节水措施与不采取节水措施所对应的需水量的差值；而动态节水潜力，是指从规划基准年（2004 年）至规划水平年（2020 年），每一年相比上一年新增节水潜力之和。考虑到每一年的用水水平与规模数据都不相同，本研究假定用水水平与规模数据随时间的变化是线性的，在数值上是一组等差数列。

动态节水潜力和静态节水潜力的区别在于，静态节水潜力是采用 2020 年非强化节水的规划用水水平与强化节水的规划用水水平之差与规划期末（2020 年）的规模的乘积确定的，而动态节水潜力是每一年相比上一年非强化节水的规划用水水平差，与强化节水水平的规划用水水平差的差值，与当年规划规模的乘积，再逐年加和确定的，鉴于 2020 年末的规模一般最大，所以总体上动态节水潜力的数值要低于静态节水潜力。

## 8.4 基于规则的城市模型之二 —— 基于 PA 的用地规划方案制定

### 8.4.1 基本概念

（1）规划师主体（Planner Agent，PA）

根据工作内容与分工的不同，将以支持用地规划方案制定为目的的规划师主体划分为三类，即专项规划师主体（Non-spatial Planner Agent，NPA），主要负责开展包括交通规划、公共服务设施规划、自然保护区规划等的专项规划，对应路网、市政基础设施、公共服务设施、自然保护区等规划影响因素的布局，专项规划师所负责的规划内容是用地规划方案制定的基础；其次是空间规划师主体（Spatial Planner Agent，SPA），负责制定和评价用地方案，并考虑政府主体（Government Agent，GA）所提出的规划制定过程中所需要遵循的约束条件，与 NPA 沟通协调，确保专项规划方案的顺利实施；最后是总规划师主体（Chief Planner Agent，CPA），通过与居民主体（Resident Agent，RA）充分地沟通与协调，了解其对规划方案的意愿与要求，将形成的意见反馈给 SPA，总体协调制定方案，并形成最终的用地规划方案等。

（2）规划规则

规划师的要求和偏好即规划规则。规划规则是指不同规划师在制定规划时所具有的思考和行动准则。由于影响规划的因素有很多，如经济、社会、自然等因素中所包含的产业发展、道路级别、河流等，其对规划所产生的影响程度各有不同，而不同的规划师在规划制定时的侧重点也会因人而异，如规划师 A 会认为道路级别对商业用地规划的影响较大，而规划师 B 则认为影响一般。由此可以看出，规划师考虑的规划影响因素及其影响程度（或权重）构成规划规则的核心内容，由此形成一套独特的规划规则。地块划分、用地类型确定和开发强度确定是用地规划方案制定的规划规则。

### 8.4.2 模型方法与框架

规划师主体支持下的用地规划方案制定流程首先需遵循政府主体所制定的综合约束条件，利用数据挖掘、调查问卷等方式识别规划原则，在此基础上，NPA 首先制定相应的专项规划，SPA 基于综合约束条件，结合识别出的规划规则及专项规划，制定用地规划方案，NPA 与 SPA 协调沟通，确保专项规划可以支持用地规划方案的实现，如不能，则继续修改相应的规划，直至满足，在实现有效协调沟通的条件下，SPA 评价制定的方案，CPA 协调及确定最终的用地规划方案。最后，RA 对最终方案进行满意度评价（图 8-2）。

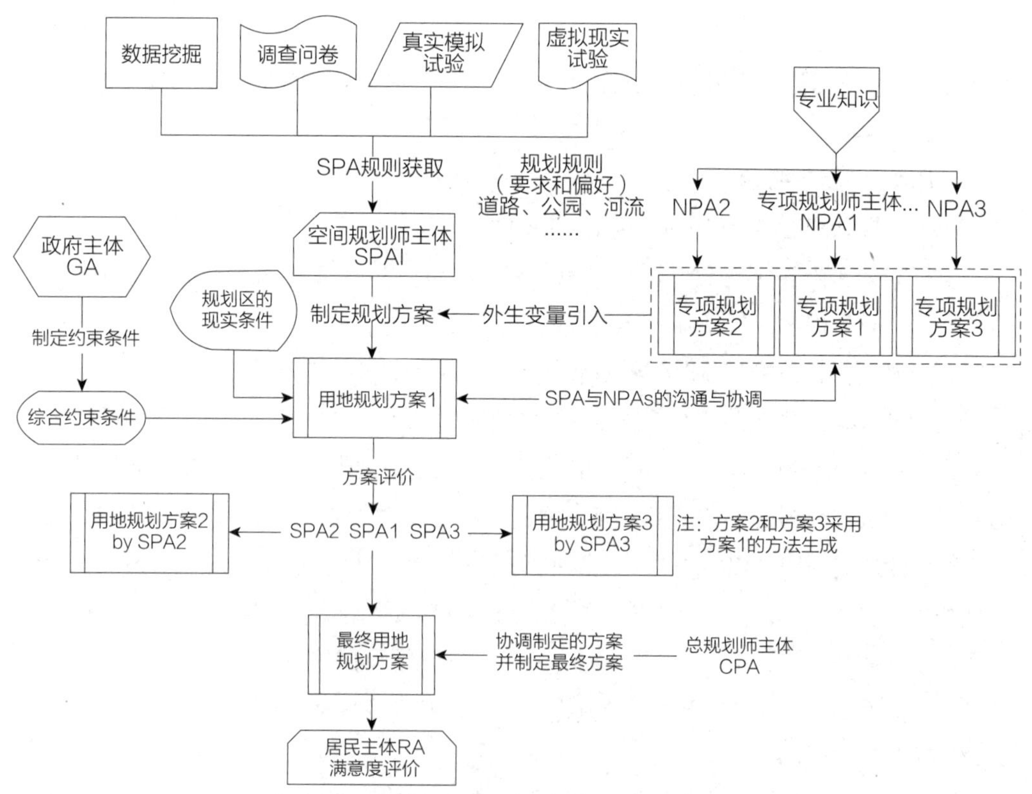


图 8-2 利用规划师主体（PA）支持用地规划方案制定的流程
资料来源：张永平，等，2016

（1）流程 1：获取综合约束条件

综合约束条件即政府主体确定城市空间管制的总体目标时，应综合考虑相关法律法规、国土规划、自然地理现状等因素对规划制定的约束作用，确保方案在符合国家制定的法律法规的基础上，满足保护自然资源与环境，促进城市社会经济发展的要求。相对于用地规划方案来说，其综合约束条件内容主要包括用地类型（不同地块的用地类型限制）、用地总量（不同用地类型的需求总量）、建筑高度、建筑密度、地下活动、城市活动等约束（龙瀛，等，2006；龙瀛，等，2011）。

（2）流程 2：识别规划规则

识别规划规则的方法大致包括数据挖掘和调查问卷法，真实模型实验和虚拟现实试验法（Hatna，Benenson，2007）。利用调查问卷的方法识别规划规则，可以通过设定不同影响因素对规划方案的影响程度的阈值来进行，如 0~10，在进行商业用地的规划时，需要考虑到是否位于城市的人口密集区，如果认为特别需要考虑，则评分为 10，若不需要考虑，则评分为 0。若调查问卷的对象为一定数量的资深规划师，那么根据获取的调查问卷结果，可以得出较为贴近实际情况的规划规则。此外，对于数据挖掘方法识别规划规则的实现方法为多项 Logistic 回归（Multinomial Logistic Regression，MLR）模型。以地块作为研究样本，地块对应的用地类型为因变量，规划影响因素为自变量，识别每种用地类型受各因素的影响权重。不同影响因素及其权重构成规划师的规划规则，如规划是否考虑地形及考虑程度反映用地开发的要求和偏好等。具体公式如下：

$$A=\{t_k|k=1, 2, 3, \cdots, K\} \quad 式（8-2）$$

$$B=\{f_i|i=1, 2, 3, \cdots, I\} \quad 式（8-3）$$

$$P=\{p_n|n=1, 2, 3, \cdots, N\} \quad 式（8-4）$$

$$E=\{w_{ik}|i \in [1, I], k \in [1, K]\} \quad 式（8-5）$$

$$P_{nk}=\frac{e^{r_k+\sum_{i=1}^{I} w_{ik}\times f_i}}{1+\sum_{k=1}^{K-1} e^{r_k+\sum_{i=1}^{I} w_{ik}\times f_i}} \quad 式（8-6）$$

式中：$t_k$ 表示地块用地类型；$K$ 表示用地类型总数；$f_i$ 表示规划影响因素；$I$ 表示因素总数；$p_n$ 表示地块；$N$ 表示地块总数；$w_{ik}$ 表示 $f_i$ 对 $t_k$ 的影响程度权重；$P_{nk}$ 表示把地块 $p_n$ 规划成 $t_k$ 类用地的概率；$r_k$ 为对应常数项。式中 $A$（如居住、工业、商业用地）、$B$（对应专项规划）、$P$ 和 $P_{nk}$（值为 0 或 1）都是已知的，所以可识别 $E$ 构成规划规则。

（3）流程 3：制定用地规划方案

根据流程 1 与流程 2 确定的综合约束条件及识别的规划规则和制定的专项规划来制定用地规划方案。即根据多项 Logistic 回归（Multinomial Logistic Regression，

MLR）模型得出的 $A$、$B$、$P$ 和 $E$，可计算 $P_{nk}$。以 A 所包含的 R（居住）、C（商业）、M（工业）三类用地为例。

首先，计算同一地块上规划成不同用地类型的概率（$P_r$、$P_c$、$P_m$）的大小（如果某地块受用地类型约束，相应的概率值变小或为 0）；根据计算结果，比较 $P_r$、$P_c$、$P_m$ 的大小，建立 CompType 字段，内容为概率最大的用地类型（R、C 或 M）；由于每一用地类型的面积需要满足用地约束条件，因此需要测算每一地块内的某一用地类型的概率，保证在用地类型面积的总体约束范围内，如 M 类的概率大小，由大至小确定哪些地块可以规划为 M 类。当某一地块符合条件时，新建字段 RList 的值为 YES，反之值为 NO；根据某一地块对应的字段 RList、CList、MList 中 YES/NO 的值来判断该地块的用地类型，如有一个值为 YES（R），另外两个值为 NO，则该地块规划的用地类型 FinalType 为 R；如果某一地块对应的字段 RList、CList、MList 中，至少有两个值为 YES，即存在用地规划冲突，则根据用地类型规划的概率大小（$P_r$、$P_c$、$P_m$）判断 FinalType；计算已规划各用地类型的地块面积，直至各用地类型的面积均符合约束。

（4）流程 4：SPA 和 NPAs 沟通与协调

龙瀛等（2010）提出的形态情景分析方法，以栅格约束性元胞自动机为理论基础，能识别实现特定城市形态所需要的发展政策及其政策参数，其中发展政策及其政策参数即为 NPAs 制定的专项规划，如工业规划对应工业发展政策；特定的城市形态即为 SPA 制定的用地规划方案。通过形态情景法分析在已纳入考虑的城市发展政策下，是否存在至少一组政策参数解，能实现制定的用地规划方案。如果不存在，则说明专项规划不能支持用地规划方案的实现，SPA 或 NPAs 需要进一步的沟通与协调，修改相应的规划，直至满足用地规划方案的实现。以栅格约束性元胞自动机为理论基础的形态情景分析方法，仅考虑了城镇建设用地的空间布局，所以有待进一步完善，才能应用于规划师主体的测算当中。

（5）流程 5：评价用地规划方案

在专项规划制定及 SPA 与 NPAs 沟通与协调的基础上，SPA 对制定的用地规划方案进行评价，具体包括城市形态、资源环境、社会经济等多方面评价。对于用地方案的空间分布模式的评价分析，具体可采用空间聚类方法（Moran’s I 自相关等），而针对城市形态的评价则可采用景观格局的模型方法（Mcgariga，Marks，1994），龙瀛等开发的 FEE-MAS 模型（Urban Form-Transportation Energy Consumption-Environment MAS model，FEE-MAS）可用于测算评估方案的潜在交通能耗等（龙瀛，等，2011）。

（6）流程 6：协调用地规划方案

CPA 协调用地规划方案时，需要检验是否符合综合约束条件；根据居民效用最大化等原则协调各方案，重点协调有差异的部分；综合各方案的评价结果，根据综合评分进行排序，基于协调结果确定最终的用地规划方案。具体公式如下：

$$F=\sum_{n=1}^{N}\alpha_n \times p_n \quad \text{式（8-7）}$$

式中：$N$ 表示参与评价的内容总数；$\alpha_n$ 表示参与评价内容的权重；$p_n$ 表示参与评价内容的得分；$F$ 表示用地规划方案的总得分。

（7）流程7：居民满意度评价

随着社会经济的不断发展，人类文明的不断提高，以人为本的基本理念在全球不断深化。几乎所有的规划方案，均需以人的实际需求和感知为其规划制定的主要依据和目标。因此在用地规划方案制定时，应充分考虑作为核心利益者的居民的观点及意见。除了在方案的前期调研和制定过程中需要保持和居民主体的充分沟通与协调，也有必要在方案制定完成后，通过访谈、调查问卷、数据反演等方法，由居民对方案进行满意度评价，并根据反馈意见修改方案。

### 8.4.3 模型试验模拟

对基于规划师主体的用地规划方案制定的实验模拟，其设定的基本情况见表8-3。

采用Python脚本语言，基于Geoprocessing开发规划师主体模型支持用地规划方案的制定。通过ArcGIS的Spatial Analyst中的Distance / Straight Line工具获取地块到规划影响因素的最短欧氏距离 $dist$，通过下列公式计算距离吸引力 $f$，根据经验设定 $\beta$=0.001。

$$f=e^{-\beta \times dist} \quad \text{式（8-8）}$$

结合综合约束条件、规划规则和专项规划，SPA制定用地规划方案，结果如图8-3所示，方案1中，新增R类位于设定空间东侧，离重点学校、主干道更近，新增C类主要位于南部，靠近城镇中心或主干道；方案2和方案1总体布局类似，新增R

**用地试验模拟设定的基本情况** 表8-3

| | |
|---|---|
| 试验空间 | 包含10×10共100个地块，每个地块是边长为1的正方形，交通网络为均质的方格网形状（对应地块边界），如图8-3所示 |
| 用地类型 | R（居住）、C（商业）和O（其他）三类，已有R、C类地块数分别为5、6个，规划新增R、C类地块数为25、15个 |
| 用地类型约束 | 限制开发成R类，限制开发成C类，限制开发成R、C类和无限制四种类型，规划后已有R、C类地块仍维持不变 |
| 基础变量 | 学校规划、道路规划以及城镇中心区位（对应专项规划） |
| 指标选取 | 周长面积指数（PARA_MN）、最近邻距离（ENN_MN）和边缘密度（ED） |
| 规划规则 | 表8-4 |

规划规则　　表 8-4

| 规则权重 / 影响因素 | 规划规则 1 | | | 规划规则 2 | | | 规划规则 3 | | |
|---|---|---|---|---|---|---|---|---|---|
| | R | C | O | R | C | O | R | C | O |
| 学校 | 0.5 | 0.3 | 0.2 | 0.5 | 0.4 | 0.1 | 0.4 | 0.4 | 0.2 |
| 城镇中心 | 0.3 | 0.4 | 0.3 | 0.3 | 0.5 | 0.2 | 0.6 | 0.3 | 0.1 |
| 道路 | 0.5 | 0.4 | 0.1 | 0.4 | 0.5 | 0.1 | 0.5 | 0.4 | 0.1 |

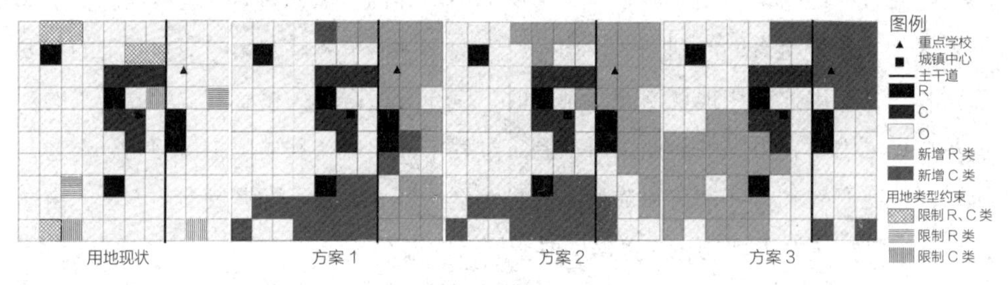


图 8-3　用地制定方案

资料来源：张永平，等，2016

类位于东北角，新增 C 类位于南部；方案 3 则和前两者差异较大，新增 R 类和 C 类分别位于西南和东北角。

利用 FRAGSTATS 软件计算各方案的周长面积指数、最近邻距离和边缘密度评价制定用地规划方案。现实中城市发展会因自身定位的不同而对上述指标反映出的要求也有所不同，为示意综合评价过程，假设上述指标都越小越好，将指标值标准化至 0–1 范围（0、1 分别对应指标最大值和最小值），指标权重均为 0.33，根据式（8–7）计算得分，综合得分为用地类型得分的均值，见表 8–5。根据用地类型得分可知，方案 3 的 R 类、C 类规划相对最优，方案 2 的 R 类和方案 1 的 C 类规划相对最差。根据综合得分可知，方案 3 相对最优，方案 2 相对最差，CPA 可确定方案 3 为最终的用地规划方案。

评价结果　　表 8–5

| 规划方案 | 用地类型 | PARA_MN | ENN_MN | ED | 用地类型得分 | 综合得分 |
|---|---|---|---|---|---|---|
| 1 | R | 0.70 | 1.00 | 0.69 | 0.79 | 0.57 |
| | C | 0.96 | 0.00 | 0.06 | 0.34 | |
| 2 | R | 0.00 | 0.70 | 0.69 | 0.46 | 0.48 |
| | C | 0.82 | 0.67 | 0.00 | 0.49 | |
| 3 | R | 0.45 | 1.00 | 1.00 | 0.81 | 0.75 |
| | C | 1.00 | 1.00 | 0.06 | 0.68 | |

## 8.5 本章小结

本章旨在已有的规划支持系统研究基础上，提出基于规则的城市模型，具体包括基于 Excel 表格的节水系统分析模型（Water Conservation System Alysis Model，WCSA-Model）以及基于规划师主体（Planner Agent，PA）的用地规划方案制定方法框架。

基于 Excel 表格的节水系统分析模型，在 Microsoft Excel 环境下基于宏语言（Macro）进行开发。采用这种开发模式，主要原因在于 Excel 具有较为强大的矩阵运算和动态响应的功能，在其中嵌入用于模拟节水系统内部关联的公式或宏语言，可以方便地对节水系统进行模拟，同时结果输出的接口也较为通用。该模型将节水工作系统化，从水资源系统、供水系统、用水系统、排水及再生水系统等多方面进行分析，对整个节水系统进行建模，并在此基础上进行节水规划的相关环节的研究工作，如节水系统现状分析、节水目标制订、静态 / 动态节水潜力分析、节水对策分析和节水方案分析等。同时该模型实现了节水对策与节水潜力、经济投入在终端用水层次的关联计算，可以适应不同节水情景的方案分析，以更好地指导节水规划的实施与开展。在研究范围上，本模型包括区域内所有类型的用水，而 IWR-MAIN 只限于城市用水。

基于 PA（规划师主体）的用地规划方案制定的方法框架，明确了不同规划师、政府和居民主体在用地规划方案制定中的角色和相互作用，突出了规划师的独特性和重要性，提供了一个能反映不同主体要求和偏好的规划制定框架，具有可行性和实用性。该方法在已有城镇用地覆盖范围基础上，以地块为分析单元，细化用地类型，自下而上地分析整个城市的空间形态情景，具有较为现实的实践意义。

## 参考文献

[1] Chiang J H，Hao P Y. Support vector learning mechanism for fuzzy rule-based modeling：A new approach[J]. IEEE Transactions on Fuzzy Systems，2004，12（1）：1-12.

[2] Hatna E，Benenson I. Building a City in Vitro：The Experiment and the Simulation Model[J]. Environment and Planning B：Planning and Design，2007，34（4）：687-707.

[3] Jo H，Santos J E，Pyrcz M J. Conditioning Stratigraphic，Rule-Based Models With Generative Adversarial Networks：A Deepwater Lobe Example[J]. San Antonio，Texas：AAPG Annual Convention and Exhibition，2019.

[4] Luo Y，He J，He Y. A rule-based city modeling method for supporting district protective planning[J]. Sustainable Cities and Society，2016：S2210670716302001.

[5] Magdalena L. Fuzzy Rule–Based Systems[M]// Kacprzyk J., Pedrycz W. ( eds ) Springer Handbook of Computational Intelligence. Springer Handbooks. Berlin, Heidelberg: Springer, 2015.

[6] 龙瀛，何永，张玉森，等 . 基于终端分析的北京市节约用水规划研究 [J]. 给水排水，2006（2）: 106–110.

[7] 龙瀛，沈振江，毛其智，等 . 城市增长控制规划支持系统：方法、开发及应用 [J]. 城市规划，2011，35（3）：62–71.

[8] 龙瀛，沈振江，毛其智，等 . 基于约束性 CA 方法的北京城市形态情景分析 [J]. 地理学报，2010，65（6）：643–655.

[9] 范伦，韩健 . 基于 CityEngine CGA 规则的三维数字城市建模 [J]. 城市勘测，2019，000（003）: 58–61.

[10] 翟世常 . 基于规则的古代城市三维建模方法与技术 [D]. 兰州：兰州大学，2016.

[11] 张永平，龙瀛 . 利用规划师主体制定用地规划方案 [J]. 城市规划，2016（11）：49–59.

# 第9章

# 土地使用与交通整合模型

## 9.1 背景及概念介绍

城市土地利用与城市交通之间的相互作用一直是地理学、经济学和规划学界研究的热点，而对两者关系的模型模拟则是定量研究两者相互作用的有力工具。其中，城市土地利用与交通模型描述的是各种城市活动与其相关的土地利用和交通之间的供求平衡关系。早在1960年代，欧美发达国家便采用土地利用与交通模型来协调、整合和模拟土地利用、交通规划和城市发展，至21世纪初国外在该方面已有丰富的研究成果。

早期的劳瑞模型是经典的综合性土地利用与交通模型，它开创了土地利用与交通相互作用研究的先河。以劳瑞模型为基础开发的如ITLUP等，主要是通过模拟城市居民和社会服务活动的区位，定量表达土地利用间的相互作用；基于投入—产出框架的MEPLAN、TRANUS和PECAS，则是基于经济学的理论，通过计算机模拟，依靠大量基础数据建立输入输出变量关系模型，从空间角度描述土地利用的变化；基于活动的微观模拟模型如ILUTE和UrbanSim，则是从微观的角度模拟土地利用与交通决策中个体的行为，并通过计算机模拟实现。此外，随着元胞自动机模型的普及，SLEUTH等整合土地利用、交通等多要素的城市生长模型也得到了发展。总的来说，人们对于城市土地利用和交通之间的内在关系的刻画越来越深刻，各模型也被广泛应用于欧美城市规划过程。目前，国内在土地利用与交通模型方面的探索刚刚开始，主要体现为以北京、深圳和南京等为代表的城市规划部门正在尝试引入一些国外成熟的模型（如UrbanSim），以进行国内城市数据的模拟运行。

## 9.2 TRANUS

### 9.2.1 模型概要

TRANUS模型由委内瑞拉学者托马斯·德拉巴拉（Tomas de la Barra）开发。TRANUS以MEPLAN模型为原型。MEPLAN将交通量和社会产品进行价格量化，通过调整贸易价格来实现交通与土地利用之间的平衡，从而实现一体化。MEPLAN包含了三个子模块：土地利用子模块、生产与消费子模块和交通子模块。土地利用子模块使用空间非聚集方式处理商品、服务和劳动力数据，总消费使用改进的投入产出表计算并转化成出行数。TRANUS在MEPLAN的基础上，以交通可达性和出行费用为中间变量，实现用地系统与交通系统间的联系和相互转化。TRANUS比MEPLAN多一个土地供给子模块，以解决新开发土地问题，并具有更准确的出行预测模型。

TRANUS既可以作为土地利用和交通项目及政策的整合模型，又可以单独使用其中的交通模型，特别是对于短期交通项目影响评估。TRANUS可以模拟城市空间的土地利用、房地产市场、交通系统中的活动，该模型能够预测因土地利用类型的变化而引起的土地和房屋价格变化，因需求所诱发的生产量和区域需求的变化情况，区域范围内的人口、就业的分布和增长情况等。

该模型可以适用于城市或区域尺度范围，包括城市、区域、州、省、国家或是由许多国家组成的大区域。TRANUS最显著的特征是它将城市或区域中的成分紧密地结合起来，如人们的活动、土地利用、交通系统等。它可以从经济、财政和环境等多角度来模拟和评估城市或区域中不同类型的项目和政策所产生的不同影响，也可以评估城市房地产方面的不同政策或住宅项目对城市系统的影响。TRANUS可以评估不同的交通政策和项目对活动的地点和土地利用产生的影响，同样也可以评估不同城市政策或住宅计划对交通系统产生的影响。因此，该模型主要被应用于：城市发展规划、区域发展规划、土地利用控制、城市项目的影响、住宅开发计划、环境保护计划、新修道路和旧路改造计划、公交系统的改进、大容量交通系统规划、价格政策、铁路项目或铁路系统改造等。

目前，TRANUS已经在全球许多国家和地区的土地利用和交通项目中得到了应用，如哥伦比亚波哥大、西班牙巴伦西亚等。

### 9.2.2 模型设计

TRANUS基于扩展的Logit模型开发，所涉及的相关理论主要是离散选择分析（Discrete Choice Analysis）和随机效用理论（Random Utility Theory）。TRANUS的理论基础是空间微观经济学和重力模型；将交通要素融入模型中，确保地点和出行选择决策的内部一致性；使用拓展的输入输出经济模型来反映各经济区域间经济区域住户与土地市场的相互关系；将离散和随机的概念应用到交通的产生、模式选择、路径选择、地点选择到土地利用选择等各方面（图 9-1）。

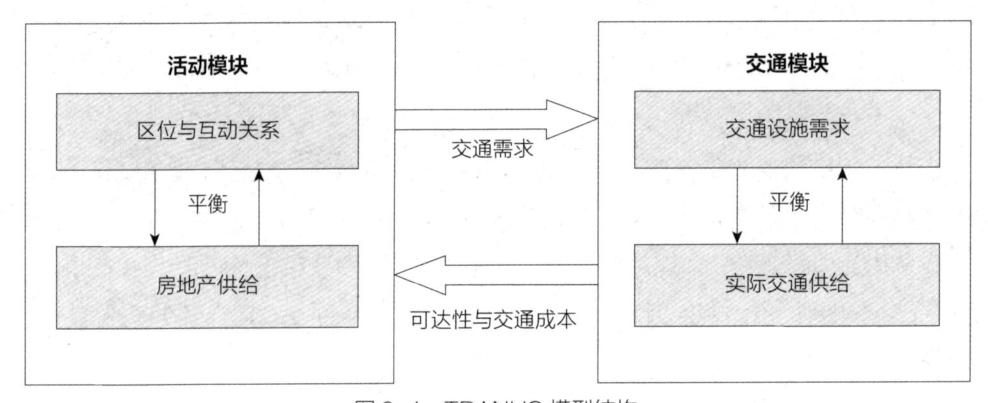


图 9-1　TRANUS 模型结构

资料来源：De La Barra，et al，1984，作者整理

（1）模型数据要求

作为土地利用和交通模型，TRANUS 需要大量的数据支撑。这些数据一般包括区域经济、人口、土地利用数据、交通系统数据。此外，还包括描述商品和服务需求（包括劳动力和土地）以及交通服务需求的行为参数数据。

1）区域经济和人口数据：研究区域投入—产出数据、现状和预测年各小区的人口和工作数据。

2）土地利用数据：现状土地使用情况（工业用地、商业用地、居住用地等）。

3）交通系统由需求和供给两方面组成，为此，TRANUS 将交通系统供给分为两类：道路物理供给和运营商供给。交通系统的道路物理供给由交通网络（路段和节点）组成；运营商供给使用道路物理供给提供的各种设施为用户提供交通服务。除了交通供给端数据以外，还需要现状年的交通数据，包括道路网络上各个路段的交通流量、各个主要交通方式的分担率。

4）行为参数数据：不同用户（时间价值高低划分）需要的单位住宅用地量、不同经济部门需要的用地量、外生交通量数据。

（2）模型特征

不同于空间交互模型（如 DRAM/EMPAL），TRANUS 的第一个显著特征就是应用过程是动态的，模型基于“城市系统趋于平衡而不会达到平衡”这一理论假设，对特定区域采取对交通通达性和价格的延迟来预测该位置出行和商业流的分布。此外，模型本身的应用范围没有具体的时空限制。

模型的第二个显著特征就是在整个模型中使用离散选择来保持理论的连续性，在 TRANUS 中，离散选择的概念被应用到从交通的产生、模式选择、路径选择、地点选择到土地利用选择等各环节，交通分配和模式选择可以在一个过程中结合起来。TRANUS 是唯一的使用分类评定模型 Logit 来分配交通的模型，这不仅让它更灵活、现实，而且可以用来评估使用者的收益。

（3）模型局限性

TRANUS 的缺点主要有：需大量基础数据支持并需提供标准框架、标定时间过长且过程复杂、标定时间过于依赖基年数据，且只能横向进行等。

同时，TRANUS 采用了平衡结构，在每个模型周期均进行市场清空机制。实际上，城市是一个复杂系统，各种活动具有不同的时间尺度，小到一天内可以完成的居民出行（工作或购物），大到许多年才能完成的大型交通项目。因此，城市区域在土地和出行市场中并不能达到一般平衡，非平衡结构将更多地在未来的土地市场模型中采用，例如 UrbanSim 就是典型的非平衡结构整合模型。

## 9.3 UrbanSim

### 9.3.1 模型概要

UrbanSim 由美国华盛顿大学城市仿真和政策分析中心开发，是一个用 Java 代码编写的仿真模型包，同时，其也是一个整合了土地使用、交通、经济和环境之间的相互作用的模拟系统，可支持城市发展的规划和分析。它主要用于城市增长管理、城市土地规划和交通政策分析等，以及探索基础设施、发展约束以及其他政策（如机动和非机动交通、住房负担能力、温室气体排放以及对开放空间和环境敏感栖息地的保护等）对城市发展的影响。UrbanSim 本质上是大都市房地产市场与交通互动的计算结果展示，它以城市发展过程中的主要部门（家庭、商业、开发者、政府等）为研究对象，以年为单位，进行从短期到长期的准动态化仿真（对家庭、企业和房地产开发商的选择，以及这些选择如何受到政府政策和投资的影响进行建模）。

模型最初设计于 1996 年，并不断发展，以应对实施操作性整合模型所面临的挑战。目前，UrbanSim 已经完成了从实验阶段到应用阶段的转变，第二代产品被应用到美国的俄勒冈州尤金—斯普菲尔德、夏威夷和盐湖城以及我国台湾等地。模型的运行依赖于一系列第三方软件，分别是 Java 运行环境、输出和输入数据库 MySQL、ESRI 公司的 MapObjects 组件等。

UrbanSim 适用于多种研究尺度的城市系统模拟，对应宏观和微观的城市模型，但已有研究多属于小区尺度，在美国侧重房地产市场的探索属于地块尺度的应用，是一种精细化城市模型研究的成功实践。

### 9.3.2 模型设计

（1）模型设计目标

UrbanSim 由一系列相互作用的模块组成，这些模块模拟了影响城市系统发展和土地利用政策的主要因素，如家庭的搬迁、居住地点、工作地点、房地产开发商对开发地点的选择等，灵活地表达了不同的政策和制度输入，从而较好地适用于具有复杂时空特征的地理系统的研究，尤其是城市复杂系统行为的动态仿真。

UrbanSim 主要解决以下问题：一个城市区域是如何发展的？不同土地利用政策和不同政策的组合对城市发展有哪些影响？此外，有些因素如可接受的房屋价格也在模型使用的范围之内，因为它可以用来预测房价；根据收入的非集计家庭及其他特征预测也在模型提供的功能之内，因为它们也可以评价可接受性因素对不同方案的影响；城市绿地的规划也是模型考虑的一个方面，因为绿地的规划影响土地的供给并且绿地也是确定居住和商业地点的一个影响因素。

（2）模型结构

UrbanSim 被认为是一个城市的仿真系统，其模型结构包括经济和人口转型、家庭和工作流动、可达性、家庭和工作位置选择、房地产开发和土地价格等子模块，这些子模块相互独立又彼此联系。其中两个来自外部的模块是宏观经济模块和交通需求模块，其中宏观经济模块用于预测未来的人口和行业就业等宏观经济条件；交通需求模块系统与 UrbanSim 松散耦合，用于预测区域之间综合交通设施和拥挤时间等交通条件。

UrbanSim 中使用的模型可以分为会计模型、概率选择模型和回归模型。会计模型包括家庭和就业过渡模型。家庭过渡模型使用诸如家庭收入、年龄、家庭规模以及有无子女等因素来模拟出生和死亡。在执行住户位置模型之前，不会将创建的住户分配到特定位置。就业过渡模型使用类似的方法来模拟就业创造和损失。概率选择模型可以进一步细分为用于迁移的基于速率的模型和用于定位的回归模型。住户迁移模型使用历史数据来模拟住户是否决定搬家。然后使用住户的位置模型来分配已决定搬家的每个住户，并将其先前住所的状态更新为空置。多项式回归的家庭位置模型是区位特征、邻里特征和就业可达性的函数。就业转移和位置模型使用类似的方法来模拟就业的迁移。土地价格模型是用于确定每个网格单元随时间变化的土地价格的线性回归模型，土地价值取决于邻里的特征、可达性以及政策（图 9-2）。

（3）数据的输入和输出

UrbanSim 模型是使用每个大都市地区的本地数据构建的，并且每个模型的参数均使用高级统计方法进行估算，以确保模型实际反映了当地情况。UrbanSim 的优点是，它允许用户通过更改建模约束来创建和测试不同的替代方案。模型的输入数据

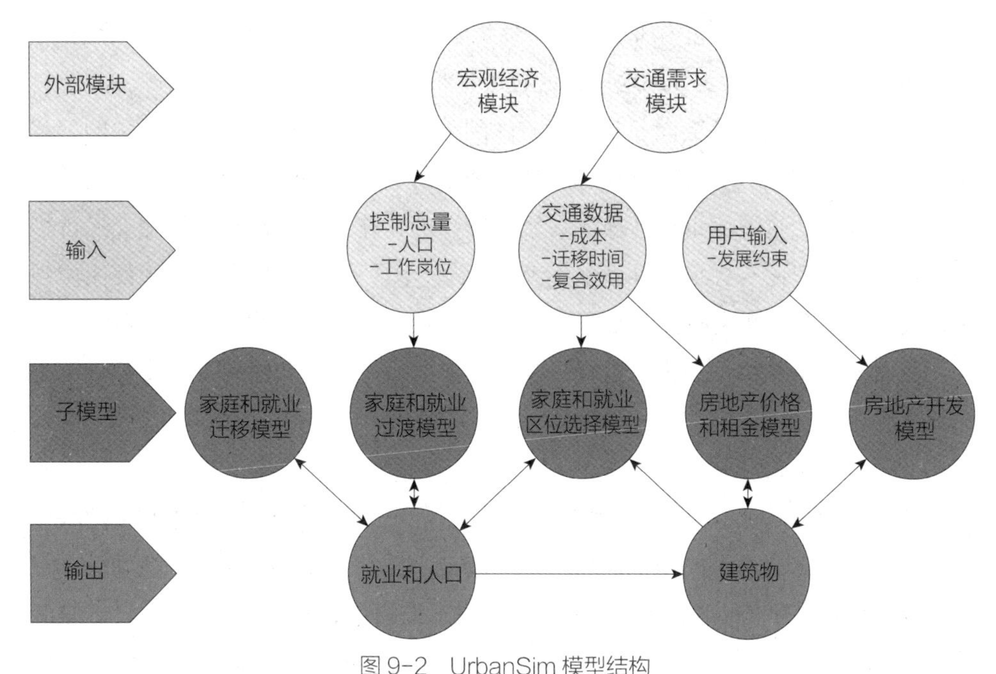


图 9-2 UrbanSim 模型结构

资料来源：UrbanSim 官网（urbansim.com），作者整理

包括：人口和工作数据、家庭、商业、开发成本、土地利用现状、区域经济预测、交通系统规划、土地利用规划、土地发展政策和交通可达性等。模型的输出可以汇总到任何尺度，包括网格单元（Parcel），TAZ（Census Block）或整个区划（Zone）。输出结果一般包括对应尺度的远景年的人口分布、就业分布、产业分类、土地价格、空置率等。

## 9.4 PECAS

### 9.4.1 模型概要

PECAS（Production，Exchange and Consumption Allocation System）是由 HBA Specto 公司开发的模拟空间经济系统的通用方法，旨在提供土地利用交通互动系统的土地利用部分的模拟，一般用于区域性城市用地分析和交通预测。它是在早期土地利用运输模拟系统中使用的空间投入产出建模方法的推广。

### 9.4.2 模型设计

（1）模型原理

总体而言，PECAS 采用了一种总的、均衡的结构，在可变的技术系数和随汇率的市场清算的基础上，将不同的交易所（包括货物、服务、劳动力和空间）从生产转移到消费的流动上。它为所有交易所提供了一个空间上不同的市场的综合表示，运输系统和空间的发展更详细地用特定的处理来表示。

从生产空间到交换空间、从交换空间到消费的流动，根据汇率和运输的一般成本（表示为带有负号的运输设施）使用嵌套的对数模型进行分配。为了确定拥挤的旅游设施，这些流量被转换成装载到网络的传输需求。确定空间的交换价格可以计算空间变化，从而模拟了开发者的行为。开发者行为表示为（a）使用微观模拟处理的单个地块或网格单元的水平，或者是（b）使用聚集流处理的区域土地利用的水平。该系统每年模拟运行一次，一年的旅游设施和空间变化将影响下一年的交换流量。

（2）模块分析

PECAS 模型系统由一系列模型构成。这些模型分属三个不同的基本功能模块：一是用地开发模块，用于模拟开发商为各种产品的生产、交易和消费等活动提供用地或楼面空间的开发行为，包括新物业的开发、旧物业的拆除以及再开发；二是活动强度分配 / 分布模块，用于模拟如何在开发人员提供的用地空间上分派各种活动，以及活动之间在给定的同一时段内的空间如何相互交互；第三是出行需求预测模块，根据产品流的空间分布进行路径选择，为交通网络规划提供基本依据，同时为下一时段活动强度的分配输入更新的出行负效用等数据。

图 9-3 是 PECAS 系统的一般结构，可见 PECAS 的用地开发模块具有时间跨度，模拟的是从上一时段 $t$ 到下一时段（$t$+1）的用地开发行为。不同的是，活动强度分

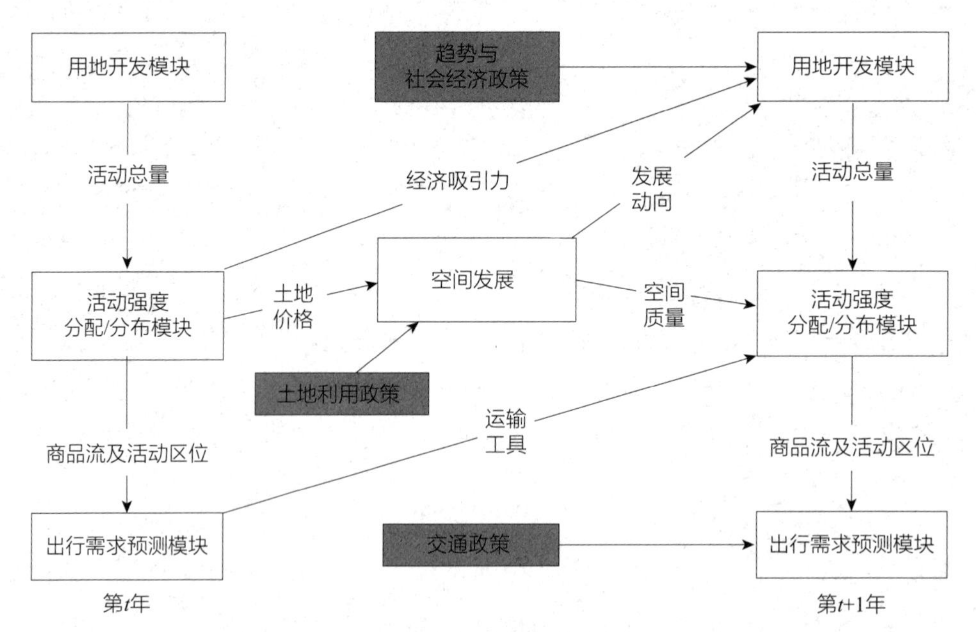


图 9-3　PECAS 模拟时间动力学的模块和信息流

资料来源：PECAS 官网（hbaspecto.com/products/pecas），作者整理

配/分布模块和出行需求预测模块主要是模拟在某一特定时段内的活动强度和出行量。如果交通网络条件保持相对稳定,就可以适当减少出行需求预测模块的运行次数,以节省计算时间。

## 9.5 ILUTE

### 9.5.1 模型概要

ILUTE(综合土地利用、交通、环境建模系统)由加拿大一个研究人员联合体开发,是基于行为的微观模型,着重考虑个人或家庭的微观出行活动特征,模拟了长期一体化城市系统的演变。该模型旨在取代传统模型,用于分析广泛的交通、住房和其他城市政策。ILUTE 代表了一个完整的微观模拟建模框架的扩展实验,用于城市交通和土地利用相互作用的全面综合建模,以及这些相互作用对环境的影响。ILUTE 已经在加拿大大多伦多区(Greater Toronto Area)进行了成功应用。

### 9.5.2 模型设计

ILUTE 模拟各个对象(代理人)随着时间的推移而发展的活动。这些对象包括人(有家庭和无家庭)、交通网络(支持自行车和步行模式的道路和交通网络)、建筑环境(房屋和商业建筑)、公司、经济(利率和通货膨胀),以及人才市场。模拟器将城市系统的状态从指定的基准月演变为指定的目标月。在任何时候,模拟都可以分支以测试各种策略备选方案。

该模型的"行为核心"有四个相互关联的组成部分:土地使用、区位选择、汽车所有权和活动/旅行。ILUTE 使研究人员能够捕捉城市系统内发生的复杂相互作用。例如,运输系统是影响模拟系统内"生命"质量的许多相互关联的因素之一。

作为一个集成的全反馈模型,ILUTE 允许更高级别的决策(如居住移动性)影响较低级别的决策(如每日旅行行为),反之亦然。ILUTE 中采用了各种建模方法来捕获对象行为:状态转换模型、随机效用模型、基于规则的(计算)模型、学习模型、探索模型以及这些方法的新开发的混合模型。

ILUTE 支持多种输出选项:系统状态可以导出为一组二进制文件(用于高效存储和检索)或作为关系数据库表导出(以便轻松导入其他包)。可以使用 Side Effects Software 的 Houdini 3D 动画工具导出生成的时空数据以进行可视化(图 9-4)。

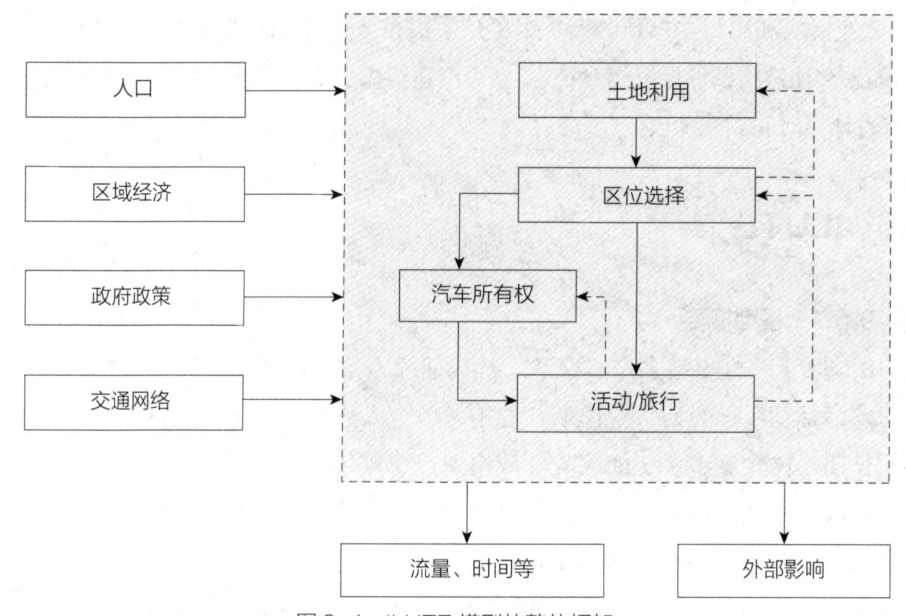


图 9-4 ILUTE 模型的整体框架

资料来源：Miller，Salvini，2001，作者整理

## 9.6 本章小结

城市交通与土地利用的协同关系是城市可持续发展的重要议题。本章节主要介绍了土地使用与交通整合模型发展过程中的 4 个典型模型 TRANUS、UrbanSim、PECAS 和 ILUTE，除概要的模型背景、模型基本特征、实际应用外，还介绍了模型具体的框架结构及模块设计。总的来说，近年来西方学者研究趋向微观尺度（以从微观角度分析交通与土地利用决策者的行为并通过计算机模拟而实现的微观仿真模型 UrbanSim 为代表），趋向多要素综合（除土地、交通外，还囊括了人口、经济、政策环境与个体行为等多因素），并致力应用于城市现实问题分析和不同政策评估。但具体而言，模型在数据精度、模拟过程、实际应用的适用性上各有其优缺点，还亟待优化。

## 参考文献

[1] 赵鹏军，万婕 . 城市交通与土地利用一体化模型的理论基础与发展趋势 [J]. 地理科学，2020，40（1）：12-21.

[2] De La Barra T，PérezB，Vera N. TRANUS-J：putting large models into small computers[J]. Environment and Planning B：Planning and Design，1984，11（1）：87-101.

[3] Duthie J, Kockelman K, Valsaraj V, et al. Applications of integrated models of land use and transport: A comparison of ITLUP and UrbanSim land use models[C]//54 th Annual North American Meetings of the Regional Science Association International. Savannah, Georgia, USA. 2007.

[4] Hunt J D, Abraham J E. Design and implementation of PECAS: A generalised system for allocating economic production, exchange and consumption quantities[J]. Integrated land-use and transportation models: Behavioural foundations, 2005: 253-73.

[5] Miller E J, Salvini P A.The Integrated Land Use, Transportation, Environment (ILUTE) Microsimulation Modelling System: Description and current status[J]. Travel behaviour research: The leading edge, 2001: 711-724.

[6] Morton B J, Rodr í guez D A, Song Y, et al. Using TRANUS to construct a land use-transportation-emissions model of Charlotte, North Carolina[M]// Transportation land use, planning and air quality, 2008: 206-218.

[7] Waddell P. UrbanSim: Modeling urban development for land use, transportation, and environmental planning[J]. Journal of the American planning association, 2002, 68 (3): 297-314.

# 第10章

# 大模型
# ——跨尺度的城市模型

## 10.1 大模型的提出

### 10.1.1 大模型提出的背景

城市模型在 1950 年代初最初被提出之后经历了不断的改进和演化，根据研究范围可以分为大尺度与小尺度模型两类。小尺度模型的研究范围通常不超过单一城市的范围，而大尺度模型的研究范围超越单一城市的限制，可以扩展至区域、国家甚至全球。目前较为常用的大尺度城市模型为城市—区域模型，自提出以来便一直得到学术界的广泛关注（张伟，等，2000），其研究范围常为国家、省域和城市群层面，主要的研究方法涉及多种空间分析和计量统计方法，研究单元通常为区县或者超级单元体（秦耀辰，2004）。随着城市基础统计数据愈发完善以及人工数据采集投入的加大，小尺度城市模型的空间研究单元经历了从大尺度单元（如大网格、分区）到精细化单元（街区、地块、单体建筑）的转变。而由于获取较大研究范围内精细空间粒度的数据较为困难，仅有有限的研究可以兼顾研究的研究范围和精细颗粒度的研究单元，如基于全国气象站和人口普查数据的中国 PM2.5 人口暴露评价等（龙瀛，等，2018）。更多的时候，使用城市—区域模型的研究常需要以牺牲精细度为代价保证足够的研究范围。而对于以中国为代表的发展中国家，一方面正经历快速的城市化过程，急需进行大尺度的城市模型研究以支持城市的统筹规划和建设，另一方面由于信息基础设施的缺乏，难以获得高精度的城市统计数据。因此，如何克服和减少由于数据缺乏或精度不足产生的困难，建立具有高空间颗粒度的大尺度城市模型，成为亟待解决的问题。

### 10.1.2 大模型的概念与特征

21世纪以来，随着信息通信技术的发展，人们正产生数量越来越多、空间位置信息越来越精确的数据，如智能手机数据、公交智能卡数据、签到数据、出租车轨迹数据已相当普遍，而个人数据的产生、记录、存贮已经成为城市居民日常生活的一部分。丰富的数据获取渠道和大规模的数据量为城市研究带来了新的机遇（Batty，2012）。通过对以往基于大数据的大尺度城市模型研究的总结，一种以互联网大数据及其他开放数据作为传统城市数据补充的，兼具大尺度的研究范围及细空间颗粒度研究单元的新城市模型得以产生，其名称可概括为“大模型”（龙瀛，等，2014）。

如大模型的概念所陈，大模型与小尺度城市模型和传统城市—区域模型相比，具有兼顾大尺度研究范围和精细粒度研究单元的特征（图10-1）。相对于小尺度城市模型，大模型兼顾更大尺度的研究范围而不牺牲精细度，可以用于分析比较不同城市的异同，并研究城市间的相互作用和联系。而相对于传统的城市—区域模型，大模型的精细粒度研究单元使对每一个城市的认知由抽象的“点”转变为更为丰富和具体的“面”，令研究破除以往模型中城市内和城市间存在的藩篱，能够结合城市内部的运行和发展规律对区域或城市群呈现的特征进行解释。

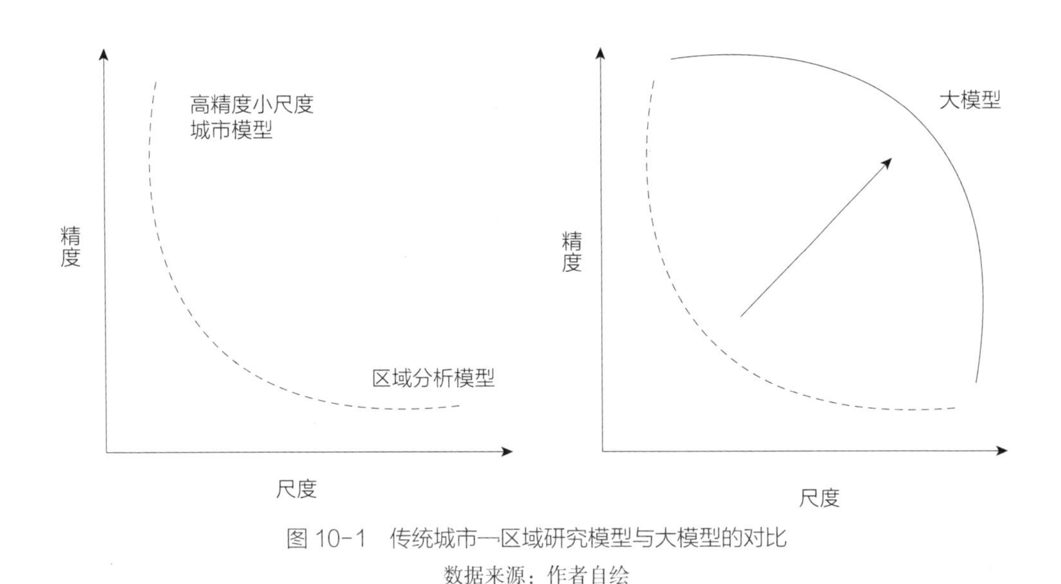


图10-1 传统城市—区域研究模型与大模型的对比

数据来源：作者自绘

## 10.2 大模型的研究范式

大模型的研究目标可分为识别、评估与分析三种。由于拥有细空间颗粒度的数据，大模型常用于进行一些空间的识别和划定，其中识别对象既可以为城市相关，也可以综合考虑全研究范围内的空间，如可对中国全国土空间的荒野空间进行识别。

城市相关的空间识别中，大模型可用于划定自然城市的边界，亦能够用于确定城市内的某些区域的范围，如生活、工作、休闲中心。而以评估为目标的研究中，大模型可用于研究城市的经济、空间质量相关的多种属性。其中经济相关的属性包括城市的经济活力等，空间质量包括可步行性研究等。此外，使用大模型进行更具体的空间分析的研究也开始出现，如对受垃圾填埋场恶臭影响的人口数量研究。

从几何形态的角度，大模型的研究单元可分为矢量的点、线和面以及栅格。如可使用道路交叉口这一点数据作为研究单元进行城市范围的划分、使用街道这种线空间作为研究单元计算可骑行性、用作为面数据的乡镇辖区进行城市功能区识别，亦可使用栅格数据卫星图像识别与评估城市绿地。

数据来源方面，大模型研究通常大量使用互联网大数据，如上文提到的受垃圾填埋场影响的人口和城市绿地研究均使用了微博数据、荒野研究使用了腾讯 LBS 数据、城市功能区识别使用了滴滴数据、可步行性研究使用了街景图片等。而其中使用最为广泛的则是包含业态类型的兴趣点数据。此外，当今也是开放数据的时代，随着政府工作的透明化趋势和公众参与监督的需求，各级政府信息逐渐公开化，例如规划许可审批、土地交易记录、住房信息、公共服务设施等信息如今都可以通过互联网等公开途径获取，这对传统城市与区域研究中的数据是一种重要的补充、支撑和拓展，如城市三维形态研究使用了建筑密度、容积率等数据（龙瀛，等，2019）。

研究方法上，除了传统模型中常用的自上而下的方法，大模型亦可以使用自下而上的研究方法，如使用海量矢量地块元胞自动机（Mega-Vector-Parcels Cellular Automata Model，MVP-CA），通过构架宏观模块、地块生成模块和矢量 CA 模块共三种模块，对全国城市地块尺度扩张过程进行模拟。

## 10.3 典型的大模型研究介绍

为使读者能够更全面系统地了解大模型的方法和特点，本书挑选出四个具有代表性的大模型研究进行介绍，其研究目标包含识别、评估与分析，研究单元包含矢量点、线、面与栅格等多种空间，并且综合使用大数据、开放数据等作为数据来源。

### 10.3.1 使用新数据重新定义中国城市系统

城市边界的确定是进行城市研究和建立城市模型的基础。由于无法轻易获得精细的数据，以往研究中研究人员往往需要依赖统计数据，如统计年鉴中提供的汇总指标，以了解中国的城市体系。而目前中国的城市是从行政的角度来界定的，因此行政级别较低的县市数据精度与高级别城市存在较大差距，难以进行互相比较。为了解决上述问题，此研究中提出了一种基于道路交叉口密度的方法，重新划定城市的边界，并在此基础上进行了城市数量和面积变化研究。

此研究中根据 300m 范围内是否拥有至少 100 个道路交叉口来划分城市边界，最终共确定出 2014 年中国存在 4629 个重新定义的城市（图 10-2），其总面积为 64144km$^2$。通过与统计年鉴对比发现，由于年鉴中的城市数量由行政区数量决定，2014 年收录的城市数量为 653 座，远远小于根据实际建成环境识别出的数量，说明目前的统计口径不能精确反映国土空间开发过程中和人们聚居产生的客观空间聚落。此外，年鉴中统计出 2014 年中国城市建成区面积为 49743km$^2$。由于年鉴只统计已合法出让的进行土地开发的面积，忽略了不合法的实际城市建成区域，对城市的总面积产生了一定的低估。

作为较早认识到使用大数据能够有效弥补传统统计数据空间精度不足和不同行政级别城市数据准确度不一致的大模型研究，此研究提出了一种空间识别的标准模式：发现目前对于某种城市空间位置和范围认知的缺失，结合大数据建立一套空间识别方法，最后对不同时间的使用此识别方法得出的结果进行分析。此外，此研究的研究单元为矢量点，在城市大模型中具有一定代表性。

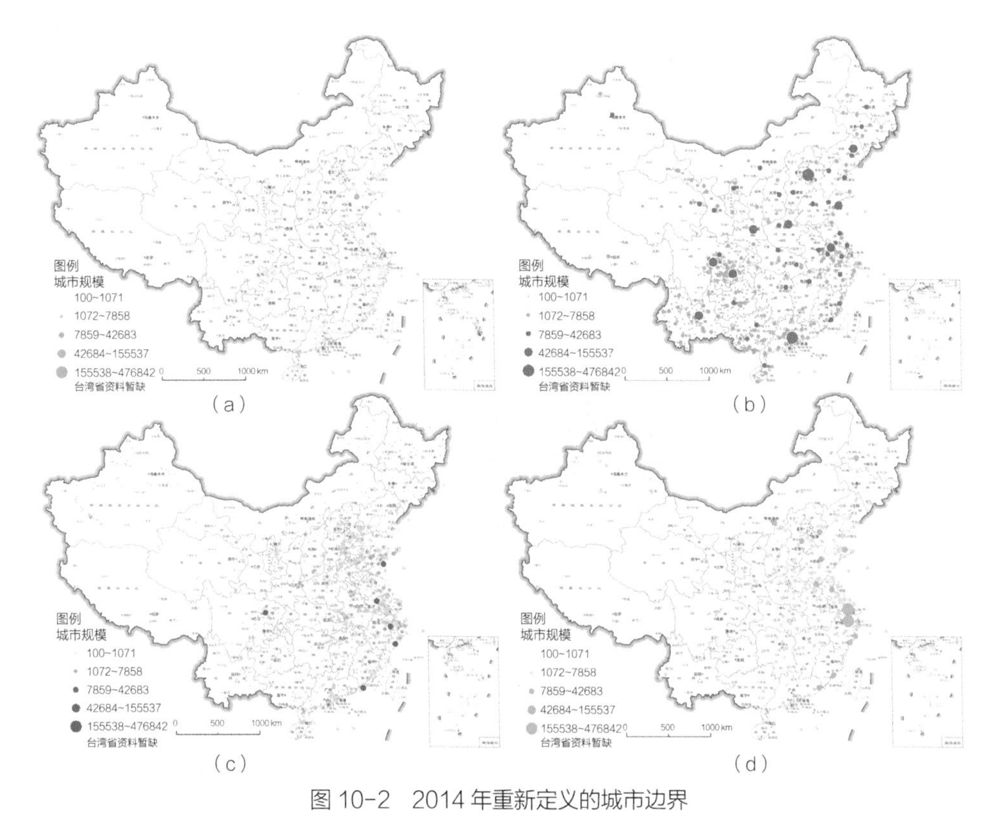


图 10-2 2014 年重新定义的城市边界

（a）“鬼城”；（b）充满活力的城市；（c）蔓延的城市；（d）蓬勃发展的城市

资料来源：龙瀛，2016

### 10.3.2 城市自行车可骑行性研究

除了空间范围的识别和划定，大模型亦常用于城市某属性的评估，其中较为典型的是基于摩拜大数据的城市自行车可骑行性研究。此研究所使用的研究单元为道路，属于常用的矢量线单元。研究方法为通过建立摩拜骑行指数（MRI）来衡量自行车的使用频率和建造环境之间的关系。所使用的自行车使用情况数据来自于摩拜单车的骑行数据，包括每个道路段的骑行者数量和骑行次数、每个骑行者的平均骑行次数、单日平均骑行速度、单日平均骑行距离与单日平均骑行次数；所使用的街道段测度数据包括基于兴趣点的功能密度与功能混合度、交叉口密度、街道尺度人口密度、街道长度与宽度、距城市中心距离、步行指数、街道绿化、坡度及街道是否包含独立的自行车道；城市整体数据包括人均 GDP、城市行政级别、年均气温、年均降雨量、城市中心城区面积、街道数量及城市中心城区街道总长度。最终经过分析与筛选，保留其中的 11 项指标最终评价每个街道的 MRI 指标（图 10-3），之后将其用于评估中国 202 个城市总体的自行车可骑行性。此研究将传统的建成环境数据（街道长宽等）、统计数据（城市人均 GDP 等）与公众大数据（街道功能密度等）及互联网企业大数据（摩拜骑行数据）充分结合，尝试全面地刻画各城市的可骑行性，在以评估为研究目标的大模型研究中具有代表性。

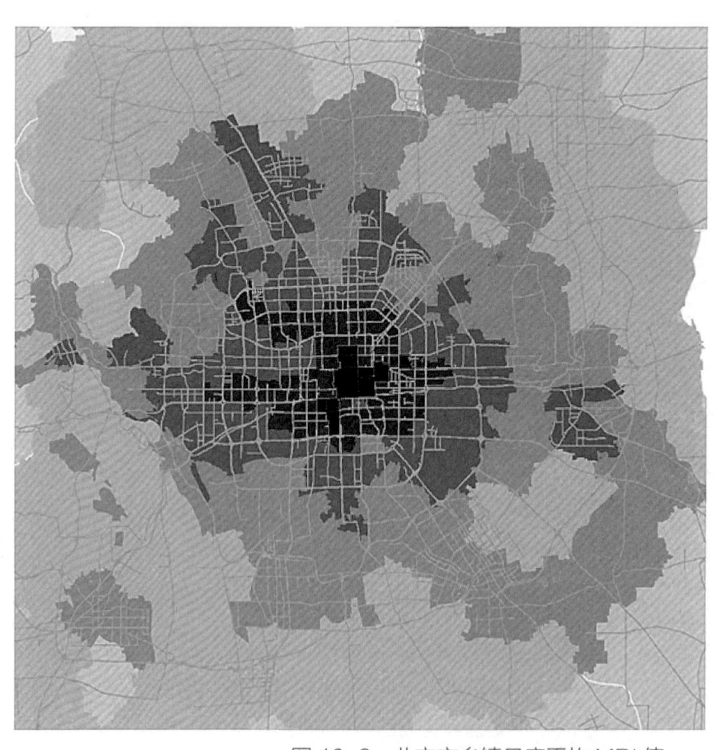


图 10-3 北京市乡镇尺度平均 MRI 值

资料来源：龙瀛，等，2020

### 10.3.3 中国垃圾填埋场恶臭影响人口和人群活动研究

在以城市分析为目标的大模型研究中，中国垃圾填埋场恶臭影响人口和人群活动研究具有一定的代表性。此研究的研究单元是 $1km^2$ 的栅格，研究方法为以“自下而上”的研究模式评估中国受垃圾填埋场恶臭影响的人口、敏感单位和人群活动。其中垃圾填埋场恶臭影响范围来自中国1955个垃圾填埋场（包括卫生填埋和简易填埋，基本覆盖了全国所有垃圾填埋场）基于FOD模型和地面点源连续高斯模型计算出的恶臭影响范围；人口数据为美国 $1km^2$ 精度的LandScan人口空间数据，与中国2010年第六次人口普查数据建立的中国乡镇人口空间数据中的人口结构特征的结合；敏感单位数据为包括所有类型的诊所、医院、体检中心和卫生站等的医疗机构数据，及仅包括高中及高中以下（包括幼儿园、小学和初中等）的各类教育单位的数据；人群活动数据为位置微博大数据。研究结果显示，垃圾填埋场恶臭影响的总人口为1227.52万人，其中包含164万儿童（<15岁）和100万老人（>65岁）；受中国垃圾填埋场恶臭影响的学校有3143个，医疗机构有4675个；在垃圾填埋场恶臭影响范围内有空间位置的新浪微博数为308009条，占总数的1.82%，因而可以近似认为中国垃圾填埋场恶臭影响了全国人群活动的1.82%（图10-4）。

此外，此研究进一步综合比较了不同省份受垃圾填埋场恶臭影响的人口和敏感单位的占比。其中广东、湖南、四川受恶臭影响人口最多，天津、海南、西藏受恶臭影响人口最少。广东由于是人口大省，同时垃圾填埋量相对较多，所以影响人口居各省第一；西藏、海南等省人口较少，所以影响人口相对较少。天津作为直辖市，人口密度大，但其垃圾填埋场除了静海县紫兆生活废弃物处理场离城区较近外，其

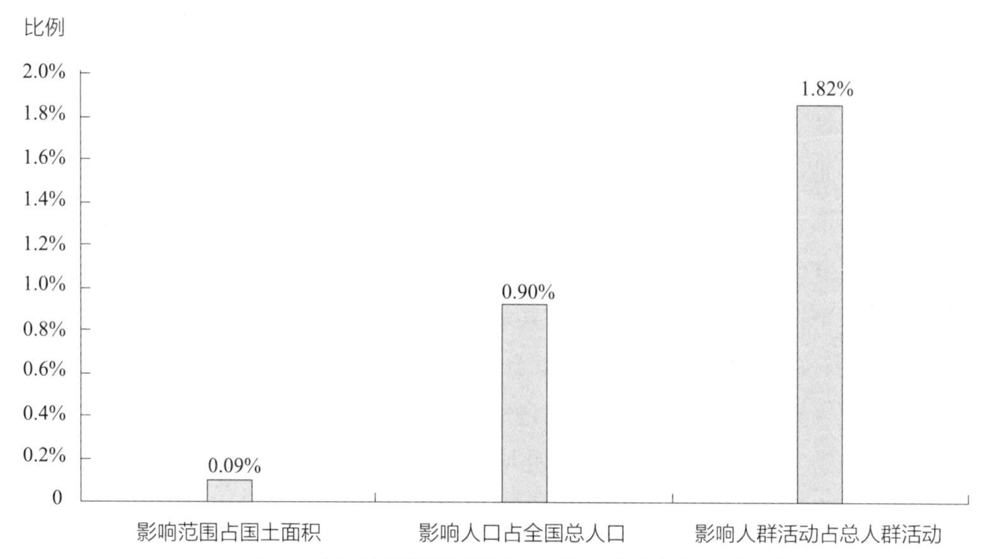


图10-4 中国垃圾填埋场影响人口及人群活动占全国比例

资料来源：蔡博峰，等，2016

他垃圾填埋场距离居民区都相对较远，所以影响人口也相对较少。从趋势特征上看，并非受影响的人口越多，相应受影响的医疗和学校就多。一些省份，例如云南和青海等省，其受影响总人口并不高（和人口密度高低有关），但其受影响的医疗机构却相对较多。

### 10.3.4 中国主要城市的三维形态分析

使用大模型除了可以比对不同城市的某项属性，也可以进行全国范围内城市某特征的分布模式的研究。如以中国主要城市为例进行的基于街区三维形态的城市形态类型研究中，根据所获得的中国 63 个大中城市中心城的 335.7 万个大规模的三维建筑物数据，将形态类型学的理论方法从二维扩展至三维，提出城市街区形态的三维指标体系，并以此为依据对案例城市中的街区进行分类。之后根据 9 类街区形态在城市中的比例，对 63 个案例城市进行聚类分析，划分出 5 类城市，并探讨了城市三维形态类型在国土空间上的分布规律。通过街区三维属性的城市形态，能够认识中国城市系统在空间维度的一般规律及其差异性，以及城市空间形态对城市功能和活动的影响。

此研究的基本研究单元为属于矢量面空间的街区，而研究范围涵盖 4 个直辖市、27 个省与自治区的省会城市，以及 31 个有代表性的地级市。其中地级市的选择标准为：2011 年中国各城市 GDP 排名前 100 的城市，且同一省份的地级市不超过 6 座，并拥有较为完整的互联网数据，以保证研究范围足够广且具有代表性。研究方法上，根据地块上的建筑密度和平均层数将街区分为 9 类，并通过统计 9 类街区在城市中的占比将 63 个城市分为复合高密度类、多高层均匀密度类、多高层高密度类、低层类及复合均匀密度类共 5 个类别。通过对这 5 类城市的空间分布的可视化，可以看出城市的形态类型受到物理空间的影响，显示出一定的空间自相关性。空间规律上，东南沿海丘陵地区以“多高层高密度类”城市为主；长江三角洲地区以“复合均匀密度类”城市为主；长江沿线的其他城市多为“多高层均匀密度”类城市。

而通过分析大尺度的城市形态类型分布规律，发现除去乌鲁木齐和拉萨市这 2 座离其他大中城市较远的城市，可将其余的 61 座城市视作一个国家级城市群，可以看出：“多高层高密度类”城市分布于此城市群的边缘，东北边缘包含 3 座城市、西北边缘包含 4 座城市、东南边缘包含 9 座城市，只有贵阳和太原不在此列；“复合均匀密度类”8 座城市则全部位于此城市群东西向的中线上；“多高层均匀密度类”城市位于城市群的腹地，“复合高密度类”城市则坐落于城市群腹地与边缘之间（图 10–5）。可以进行这种城市群和城市之间关系的研究，也是大模型的一个显著特征。

图 10-5　5 类城市的空间分布

资料来源：龙瀛，等，2019

## 10.4　本章小结

本章节首先介绍了大模型这一新研究范式的提出背景及概念，即兼顾跨城市、区域的大研究范围及精细粒度的空间单元，使用大数据弥补传统数据不足的研究城市及区域空间的定量工具，并从研究目标、分析空间单元、数据来源和研究方法角度对大模型的研究范式进行介绍。之后分别介绍了使用新数据重新定义中国城市系统、城市自行车可骑行性研究、中国垃圾填埋场恶臭影响人口和人群活动研究以及中国主要城市的三维形态分析这四个典型的大模型研究案例。

未来的大模型研究中，应更多针对城市间关系。如近年的研究发现，在大都市圈中的小城市往往受惠于临近的大城市从而有更好的表现，即 Borrowed Size 效应（Meijers，等，2017），而城市群的发展甚至使得各城市正在互相融合，不同城市间的边界会越来越难以划定（Batty，2018）。由于大模型具有研究范围跨区域且研究单元空间颗粒度精细的特点，在未来研究上述现象时具有一定优势。此外，当前大模型的研究处于百花齐放的阶段，在未来应该对各研究结果进行整理，以期构建适用于大模型研究范式的理论体系，以更好地认识城市自身发展和城市之间互相作用的内在动力与规律。

# 参考文献

[1] Batty M. Building a science of cities[J]. Cities，2012，29：S9–S16.

[2] Batty M. Inventing Future Cities[M]. Boston：The MIT Press，2018.

[3] Li F，Li S，Long Y. Deciphering the recreational use of urban parks：Experiments using multi-source big data for all Chinese cities[J]. Science of The Total Environment，2019，701：134896. DOI：10.1016/j.scitotenv.2019.134896.

[4] Long Y. Redefining Chinese city system with emerging new data[J]. Applied Geography，2016，75：36–48.

[5] Long Y，Zhao J. What Makes a City Bikeable? A Study of Intercity and Intracity Patterns of Bicycle Ridership using Mobike Big Data Records[J]. Built Environment，2020，46（1）：55–75.

[6] Ma S，Long Y. Functional urban area delineations of cities on the Chinese mainland using massive Didi ride-hailing records[J]. Cities，2020，97：102532. DOI：10.1016/j.cities.2019.102532.

[7] Meijers E J，Burger M J. Stretching the concept of ‘borrowed size’[J]. Urban Studies，2017，54（1）：269–291.

[8] 龙瀛，李派，侯静轩. 基于街区三维形态的城市形态类型分析——以中国主要城市为例[J]. 上海城市规划，2019（03）：10–15.

[9] 龙瀛，吴康，王江浩，等. 大模型：城市和区域研究的新范式[J]. 城市规划学刊，2014（06）：52–60.

[10] 秦耀辰. 区域系统模型原理与应用[M]. 北京：科学出版社，2004.

[11] 张伟，顾朝林. 城市与区域规划模型系统[M]. 南京：东南大学出版社，2000.